男孩成长导图

吴利霞 ◎ 著

成都时代出版社
CHENGDU TIMES PRESS

图书在版编目（CIP）数据

男孩成长导图 / 吴利霞著 . -- 成都 : 成都时代出版社, 2023.6
ISBN 978-7-5464-3187-1

Ⅰ.①男… Ⅱ.①吴… Ⅲ.①男性—成功心理—青少年读物 Ⅳ.①B848.4-49

中国版本图书馆 CIP 数据核字 (2022) 第 224810 号

男孩成长导图
NANHAI CHENGZHANG DAOTU

吴利霞　著

出 品 人	达　海	
责任编辑	李　林	
责任校对	樊思岐	
责任印制	黄鑫　陈淑雨	
封面设计	天下书装	
装帧设计	柳育婷	

出版发行	成都时代出版社	
电　　话	（028）86742352（编辑部）	
	（028）86615250（发行部）	
印　　刷	三河市双升印务有限公司	
规　　格	710mm×1000mm　1 / 16	
印　　张	15	
字　　数	230千字	
版　　次	2023年6月第1版	
印　　次	2023年6月第1次印刷	
印　　数	1-20000	
书　　号	ISBN 978-7-5464-3187-1	
定　　价	45.00元	

著作权所有·违者必究
本书若出现印装质量问题，请与工厂联系。电话15832658448

序

这是一本给父母看的书。

多数父母对孩子重养、轻育,即特别注重孩子的衣食住行、身体健康,对孩子的认知能力、心理成长、德行塑造以及良好的习惯培养等方面更多的是顺其自然。当父母发现孩子某些方面出现问题时,比如孩子小的时候过于自我,上学后记不住简单的知识、写作业拖拖拉拉,进入青春期后叛逆不听话等,经常会表现得急躁且束手无策。

是的,没有人是天生的教育家,做父母的需要学习。

首先,需要学习了解孩子。要了解孩子的生理、心理成长规律,不同年龄段的孩子一般具备什么样的生理、心理、行为特点,孩子在某些关键年龄会出现哪些明显的变化,这样才能对孩子出现的问题了然于胸,问题解决起来自然就顺利得多。

其次,要学习教育孩子的基本理念和方法。孩子有一些不好的习惯,但是怎么教都改不过来,或者做父母的可能也知道自己的某些做法对孩子是一种伤害,可又不知道该怎么做,父母的这种种困扰也许会因为书中的一句话就茅塞顿开。教育专家李玫瑾说:"孩子的每种行为和心理,一定和父母的教育方式有关。"而正确、高效的教育方式一定要通过学习获得。

第三,要学习跟孩子相处的方式和沟通的方法。很多家长跟孩子相处完全以自我为中心,要么简单粗暴、不容置疑,要么放任自流、顺其自然,忽略了孩子的需求,导致跟孩子的关系疏远、紧张。正确的做法应该是放下架子,用爱心、关心、信心架起跟孩子沟通的一座桥梁,不管孩子长到多大,你们的心相连,就没有解决不了的问题。

特别重要的是,男孩子跟女孩子的成长步调、心理和行为特点等都不一样,家长要了解这些"不一样",才能把儿子培养成一个优秀的男子汉。

父母是孩子的人生导师,带着这幅"导图",按图索骥,你一定可以让孩子在成长的路上走出他自己的人生精彩。

目录

第一章 男孩生理成长导图

0-7岁：健康，营养均衡是关键 / 2

3岁前，幼儿语言的发展规律与培养方法 / 7

0-6岁：身高、体重、视力的科学对比 / 12

12岁前，男孩"生长痛"该注意些什么 / 19

12岁左右，"变声"期的男孩，要懂得保护嗓子 / 22

12岁左右，讨厌的青春痘 / 25

附　0-7岁：了解幼儿生理特点，做合格的呵护人 / 29

第二章　男孩心理成长导图

0-7岁：男孩情绪、情感培养的关键期 / 34

0-7岁：阳光男孩，从阳光环境开始 / 38

0-7岁：好奇心是孩子最好的老师 / 41

8-14岁：给孩子一个"男子汉"的标准 / 45

8-14岁：去除男孩想赢怕输的心理 / 50

10-14岁：叛逆的男孩如何引导 / 53

附　0-7岁：了解幼儿认知成长特点，父母要做合格的引导人 / 57

第三章　男孩习惯成长导图

在亲子游戏中，培养孩子良好的习惯 / 60

人人都喜欢有礼貌的男孩子 / 64

书香作伴，男孩要有阅读的习惯 / 68

时时讲规矩，树立规则意识 / 72

善于反省的男孩更易成功 / 76

附　8-14岁：一切天资，都不如习惯有力 / 79

第四章　男孩性格成长导图

你的情绪决定男孩的性格 / 82

男子汉要坚强，男儿有泪不轻弹 / 85

勇敢些，不惹事但也不怕事 / 89

乐观的男孩才会赢 / 93

附　8-14 岁：如何面对青春前期 / 97

第五章　男孩情感成长导图

用梦想打造男孩的雄心 / 100

培养男孩情感表达的能力 / 104

男孩面对校园霸凌时怎么办 / 108

男孩，要学会掌握情感自控力 / 112

附　8-14 岁：教导孩子懂得表达自己的情感 / 116

第六章　男孩情商成长导图

鼓励男孩学会耐心倾听 / 120

让男孩学会真诚地赞美、欣赏别人 / 124

培养男孩的幽默细胞 / 127

让男孩学会说"不" / 130

附　8-14 岁：在亲子共读中享受快乐时光，加深与孩子的情感 / 133

第七章　男孩逆商成长导图

摔倒了就要自己爬起来 / 136

小朋友之间的矛盾，让他自己去解决 / 139

逆境是苦的，努力后便是甘甜 / 143

制造逆境，培养男孩的抗挫能力 / 146

附　9-14 岁：在引领中让逆商成长 / 149

第八章　男孩能力成长导图

自理力：力所能及的事情让男孩自己干 / 152

学习能力：兴趣是男孩最好的老师 / 156

执行力：优秀的男孩是行动家，非空想家 / 160

理财能力：少壮不理财，老大财不理你 / 164

附　9-14 岁：发展解决问题的能力 / 168

第九章　男孩品德成长导图

感恩：要感恩于心更于行 / 172

诚信：男孩立足于社会之本 / 176

担当：担当是男人的责任 / 180

明辨是非，端正成长 / 183

附　9-14 岁：谈谈追星和偶像崇拜 / 185

第十章　男孩思维成长导图

探索精神让男孩与众不同 / 188

逻辑思维是男孩极具杀伤力的武器 / 192

创新思维有多强，梦想就有多大 / 196

换位思考，感同身受才能正确决策 / 200

附　9-14 岁：与男孩良好沟通四部曲 / 203

第十一章　男孩意识成长导图

安全第一，从小具备自我保护意识 / 206

竞争意识，男孩更强的源动力 / 210

独立意识，男孩从此不再孤单 / 214

危机意识，让男孩明白不进便是退 / 217

附　9-14 岁：生涯规划——我的未来在哪里 / 220

附　0-12 岁孩子生长发展及父母保护引导 / 222

第一章

男孩生理成长导图

- 男孩健康生理成长
  - 体格发育关键
    - 体重 → 防止肥胖
    - 身高 → 不挑食，多吃蔬菜
    - 牙齿 → 控制甜食和糖的摄入，保持口腔卫生
    - 胸围 → 保持理想胸围，控制体重
    - 头围 → 头围反映大脑和头骨的发育
    - 脊柱 → 防止脊柱弯曲导致驼背
  - 重要年龄段特征
    - 9岁左右 → 身高突增
    - 12岁左右 → 出现喉结
    - 14岁左右 → 变声，出现腋毛
    - 15岁左右 → 出现胡须
    - 18岁左右 → 体毛接近成人水平
  - 生理成长影响
    - 遗传因素 → 父辈遗传因素影响孩子生理成长
    - 环境因素
      - 外伤 → 注意安全，防止外伤
      - 疾病 → 疾病要及时治疗
      - 家庭社会 → 保持良好的居住环境和生活习惯
      - 营养 → 保持饮食营养均衡

男孩成长导图

0-7岁：健康，营养均衡是关键

成长目标
1. 家长了解男孩成长过程中身体健康的重要性和营养知识。
2. 培养男孩不挑食、不偏食的习惯。

开篇导读

一个男孩健康成长的基础是什么？或者说，培养优秀男孩的前提是什么？

俗话说：身体是革命的本钱。毫无疑问，答案当然是健康的身体。不管你望子成龙的心情有多么强烈，为孩子的成长规划得如何完美，首先要重视的是如何让孩子的身体健康成长，这是每一位做父母的最重大的责任。因此，必须掌握基本的营养学知识。

 故事赏析

老张有一个女儿，本不想再生孩子，但随着二孩政策的实施，老张想再生一个孩子，以后给老大做个伴。于是，和老婆商量后，就在老张即将进入不惑之年时又要了一个孩子，而且是儿子，老张特别高兴。

老张对这个小儿子特别宠爱，什么都给孩子买最新、最好的，在饮食上从来不会对儿子吝啬，儿子想吃啥就买啥。记得儿子在三岁半的时候，吃了一次辣条，然后就喜欢上了，之后几乎每天，老张在幼儿园接到儿子后都会买一些辣条。孩子的妈妈对此是反对的，她告诉老张要少给孩子吃这类东西，没啥营养，对身体没有啥好处，不利于孩子的健康成长。

老张觉得老婆说得有道理，可是每次放学拗不过儿子的撒娇甚至哭闹，依然会买一些辣条给儿子吃。

转眼儿子长到了五岁，有一次老张带着儿子去医院体检，医生告诉老张，和同龄人相比，老张的儿子身体偏瘦，身高偏低，初步判断是营养不良。听到这个结果，老张想起了经常给儿子买辣条吃的场景，后悔不已！

老张儿子营养不良的原因是什么呢？虽然不能说是天天吃辣条导致的，但与老张天天给儿子买辣条是脱不了干系的。孩子开始挑食，因为偏食导致营养摄入不均衡，这对正在长身体的男孩来说影响是非常大的。所以，培养男孩子良好的饮食习惯，避免挑食、偏食，对孩子的身体健康来说是至关重要的。

养育方法

有人说:"父母吃得健康,孩子才会吃得健康。"孩子的胖瘦,虽然和遗传基因有着密不可分的关系,但是家庭的饮食习惯,却是影响小朋友身形与健康成长的关键。良好的饮食习惯直接关系到幼儿的健康,很多孩子在饮食方面都存在以下问题:吃饭的时候狼吞虎咽,没有细嚼就咽下去了;不爱吃蔬菜;爱喝饮料、吃零食,爱吃冷食、甜食等。对此,要注意以下几个方面:

第一,不要给孩子挑食的机会。

很多父母在进餐时喜欢问孩子"你喜欢吃什么""这个你喜欢吃吗"等,这些问题无形之中给了孩子挑食的机会,实在没有必要。

第二,正确引导。

孩子如果对某些食物不感兴趣,但这些食物对孩子的身体成长是有好处的,在进餐时父母可以进行暗示,比如一边吃一边说"这个菜真好吃""我们太喜欢吃了"。

第三,创造良好的饮食氛围。

不要试图用恐吓、责骂的方式去改掉孩子的挑食习惯,一方面,会造成紧张的饮食氛围,影响孩子的食欲;另一方面,孩子容易产生逆反心理。我们可以用鼓励的方式来引导,比如说"小明喜欢吃青菜,真是一个好孩子""小花不喜欢吃青菜,不是乖孩子哦"。

第四,不要把零食作为奖励。

父母切记不要把零食、甜点或"垃圾食品"作为给孩子的奖励,避免孩子养成不好的饮食习惯。定时体检,根据体检结果引导孩子摄入一些身体缺乏的食物中所包含的营养元素。

> **精要分享**
>
> 儿童期均衡营养对保障儿童生长发育及维持生命全周期健康至关重要。我国儿童营养状况虽明显改善,但超重、肥胖和微量营养素缺乏问题突出。膳食多样化是营养均衡的保障。
>
> 在培养孩子成长的道路上,尤其在身体发育的阶段,作为父母,在饮食上我们既不能让孩子营养过剩,更不能让孩子营养缺乏或者不均衡。

附表1 学龄前儿童良好饮食行为和习惯须知

学龄前儿童是培养良好饮食行为和习惯的重要阶段。帮助学龄前儿童养成良好的饮食习惯,需要特别注意以下几个方面:

1	合理安排饮食,一日三餐加一两次点心,定时、定点、定量用餐;
2	饭前不吃糖果、不喝汽水等;
3	饭前洗手,饭后漱口,吃饭前不做剧烈运动;
4	养成自己吃饭的习惯,让孩子自己使用筷、匙,既可增加孩子进食的兴趣,又可培养孩子的自信心和独立能力;
5	吃饭时专心;
6	吃饭应细嚼慢咽,但也不能拖延时间,最好能在30分钟内吃完;
7	不要一次给孩子盛太多的饭菜,吃完后再添,以免养成剩菜、剩饭的习惯;
8	不要吃一口饭喝一口水或经常吃汤泡饭,这样会影响消化与吸收;

续表

9	不挑食、不偏食，在许可范围内允许孩子选择食物；
10	不宜用食物作为奖励，避免诱导孩子对某种食物产生偏好。

附表2　了解幼儿应摄取的营养

1	**应摄取蛋白质**。蛋白质有助于细胞的生长，这对孩子的成长发育很重要。你可以让孩子多吃鸡蛋、牛奶、豆类、瘦肉等食物，它们都含有丰富的蛋白质。
2	**摄取维生素C**。维生素C有助于提高免疫力，可以帮助孩子预防感冒。你可以让孩子多吃新鲜水果、绿叶蔬菜等食物，补充维生素C。
3	**应该摄取钙质**。钙质对孩子的骨骼和牙齿发育很重要，如果摄取不足，孩子有可能会长得不够高，牙齿容易损坏。因此，你应该让孩子多喝牛奶和多吃乳制品等食物。
4	**摄取维生素D**。维生素D对骨骼健康也很重要，它能够帮助身体吸收钙质。你可以每天带孩子外出晒10分钟到15分钟的太阳，自然地补充维生素D。
5	**应该摄取铁质**。身体的血液需要铁质来产生血红素，传输氧气和营养到身体的各个部位。你可以让孩子多吃绿叶蔬菜、葡萄、猪肝等食物，以防止孩子贫血。
6	**应该多摄取钾**。孩子需要很多能量，因为他们的活动量大。钾可以给孩子提供能量，如果缺乏钾可能会导致疲惫、恶心等症状。香蕉、坚果都是富含钾的食物。

3岁前，幼儿语言的发展规律与培养方法

成长目标
1. 认识宝宝开始说话与年龄段的关系；
2. 了解引导宝宝说话的方法与技巧。

开篇导读

语言是一种沟通思想的工具。语言至少包含三个特征：

（1）代替性：语言允许个体谈论不受时空限制的事物。

（2）意义性：语言符号不论是声音、文字还是手势都代表事物、抽象观念。

（3）多产性：语言是一连串有意义的语流构成的。人类利用有限的文法创造无限有意义的句子，这种特质被语言学家称为语言的"无限类化"。

有些男宝宝十个月就开始咿咿呀呀学说话了，有些男宝宝一岁半才开始学说话，那么，有些父母可能会问，男孩到底什么时间开始说话才是正常的呢？

其实，男孩子几岁开始学说话要根据宝宝的发育情况而定，并没

男孩成长导图

有一个具体的标准，而每一个宝宝的发育情况又不尽相同，所以，并不是说，人家的宝宝十个月开始说话，你家的宝宝一岁半开始说话，人家的宝宝就比你家的宝宝聪明。通常情况下，男宝宝说话的时间相对于女宝宝来说会晚一些，一般两岁半左右就可以说得很流利。

故事赏析

我有一个同学张丽，三十岁结婚，老公三代单传，他们刚结婚父母就催着他们赶快要孩子。张丽非常理解老公的难处，所以，第二年便生下了一个男宝宝。

孩子的降生给老公一家带来了很大的欢乐，尤其是孩子的爷爷奶奶高兴得合不拢嘴，要知道他们家是三代单传，用老话说生了男孩就有了香火，就不再担心传宗接代的问题了。

孩子生下来后爷爷奶奶就帮着他们照看，在孩子半岁的时候，张丽就去上班了，爷爷奶奶把孩子当成了心肝宝贝。

不知不觉孩子已经一岁了，在语言表达方面，还不能说一句完整的句子甚至词汇。一次，张丽去一位新同事家做客，看到同事家的孩子说话很利索，已经会说完整的话了。一问年龄，居然和自己家的孩子同龄。张丽开始有点担心，心想，是不是自己的孩子有啥问题呢？怎么还不会说话呢？

第二天张丽就和老公带着孩子去儿童医院做检查，通过一系列检查，医生告诉张丽，孩子的所有生理指标都正常，孩子之所以现在还不会说话，一方面是因为男孩子本来就比女孩子说话晚；另一方面，缺乏正确的引导。

相信很多父母和张丽一样,都曾因为孩子的一点"异常"而惶恐不安:孩子比同龄孩子说话晚,是不是有问题呢?

如果通过一系列医学检查都没有问题的话,我们大可不必过度担心,男孩子说话晚,并不意味着以后孩子就不爱说话、表达能力差或者性格内向,只要我们正确地引导,孩子的表达能力一定不输同龄人。

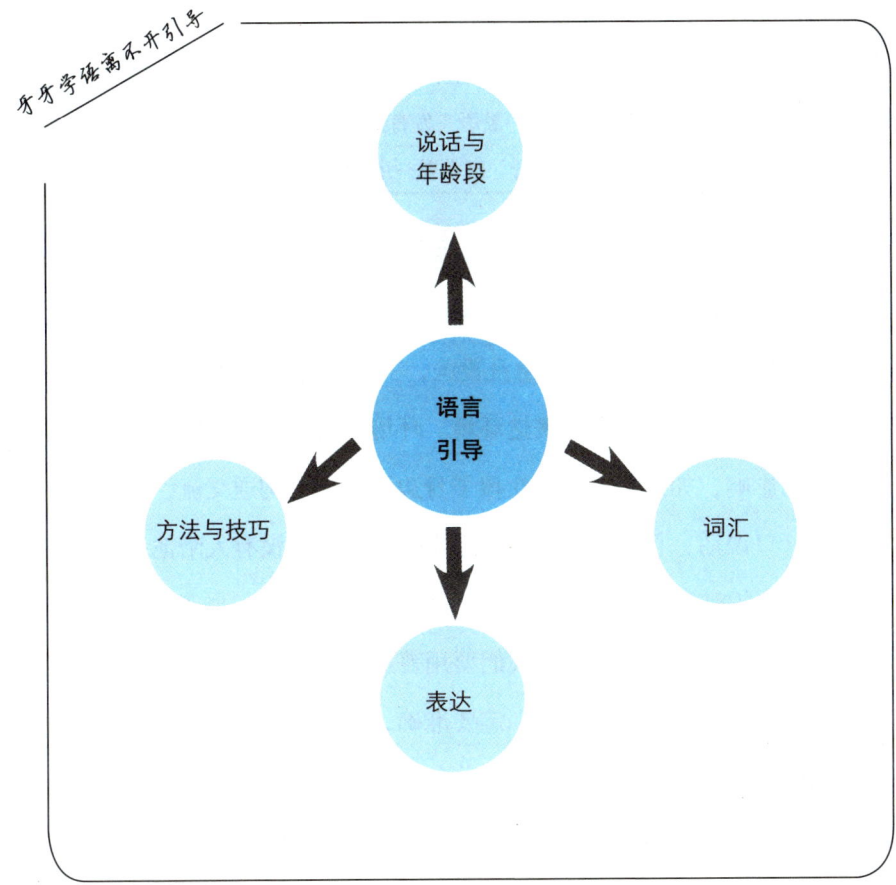

养育方法 >>

不同年龄段的宝宝的表达方式及能力是不同的。通常，宝宝七个月大的时候，就会使用有意义的手势（以及其他肢体语言）。例如，他可能会举起手臂示意他想要被抱起。九个月大的时候，会认出并回应他自己的名字。

12个月时	语言方面：爱听成人唱的儿歌、讲的故事。能说两三个单词。会表达自己的各种感情。
1岁多时	孩子能听懂一些日常语言，尤其是一些能对应实物的语言。比如你说要吃饭了，他就会跑到餐桌旁，等着吃饭。
2岁时	大部分孩子可以掌握至少五十个口语词汇，而且可以将两个词放在一起组成句子，男孩一般语言发育速度会比女孩慢些。
3-4岁时	幼儿逐渐学会正确发音，已掌握一定口语词汇。

所以，根据以上男孩生理规律，我们在养育男孩时需了解以下几点：

第一，**语言表达能力**。我们要明白，孩子发育不同，他的语言表达能力是不尽相同的，切不可病急乱投医，一切以科学的检查为依据。

第二，**打造良好的语言表达环境**。环境对男孩子说话时间的早晚有比较大的影响，如果父母经常在孩子身边且与他们沟通交流，男孩可以更早地开口说话，相反，如果孩子经常一个人玩，没有人陪他说话，他们开口说话的时间就比较晚。

第三，**正确发音**。首先，我们要用普通话来引导孩子说话表达，对此，我们在教孩子说话时发音一定要准确，这样孩子才能更早更好地说好普通话，同时，提升表达的能力。

为了更好地发展孩子的语言表达能力，父母还需注意如下教养方法：

第一章 男孩生理成长导图

模仿	孩子爱模仿成人说话，多在生活中与孩子对话，他自然而然地就会学到正确的表达及沟通方式。
亲子共读	安排每周一次以上的亲子共读时间，跟孩子一起阅读图大字少的绘本。
健康阅览	为孩子慎选童书，避免他学到不雅的词汇与不当的语言表达方式。

精要分享

通常情况下，男孩子语言发育过程如下：

1-3个月	啼哭，轻轻或咿呀发声，有尖叫，也会发笑。
3-6个月	会用声音表达不同的感受，会用肢体语言或简单的发音表达自己的意愿并模仿大人发出连续的音节。
6-9个月	开始模仿大人说话，能简单地交流。
9-12个月	会叫爸爸、妈妈，发音接近准确。
12-18个月	发音有了声调变化，会说短句，能说出一些物体的名称。

当然，以上数据只是一个参考，由于孩子发育不同，表现会有所不同。但当我们发现孩子的语言表达异常时，要及时去正规保健机构检查，查看孩子是否有遗传、听力障碍、唇腭裂、舌系带异常、脑瘫、智力低下等方面的问题。

男孩成长导图

0-6岁：身高、体重、视力的科学对比

成长目标

1. 父母了解0岁至6岁男孩子身高、体重、视力具体参数。

2. 使孩子的身高、体重、视力等在正常值范围内。

开篇导读

身高、体重、视力是男孩子0岁至6岁发育过程中的重要指标参数，其在男孩发育过程中的重要性不言而喻。其实，根据国家卫健委的相关要求，还有一个数据也非常重要，那就是头围。下面，我们围绕这几个指标参数逐一解读。

故事赏析

有一次朋友聚餐，大家都带着小孩，其中有男孩有女孩，有三岁的，也有五岁的，还有七八岁的，很是热闹。

其中一个七八岁的女孩很调皮地称呼一个五岁的小男孩为"小胖墩"，事实上，这个小男孩确实比同龄男孩要胖一些、矮一些。

母亲听见有小朋友称呼自己的孩子为"小胖墩",有些不高兴,但还是用开玩笑的口吻对小女孩说:"我们家孩子不就是吃得胖一些长得矮一些嘛!"

"小胖墩"这个词不知道是谁发明的,所表述的就是一个人的发育状况,说的是一个人长得又胖又矮,其实,儿童在不同年龄段的体重、身高、视力、头围的生长都是相对应的,都有一定的科学数据可参考,如果在相关数据范围之外,那么就是发育不良或者不健康的一种表现。

养育方法

对此,我们要根据相关科学数据对孩子的发育情况进行监控和调整。通常,影响男孩身高、体重、头围及视力的因素有以下几个:

第一,先天因素。一个人的身高大概率由基因决定,父母个子很高,孩子个子一般也会很高。但是不排除隔代遗传的因素,比如爸爸妈妈都不高,但是爷爷奶奶很高,孩子也可能很高。

第二,后天因素。后天因素主要与营养摄入、睡眠和运动等有关。此外,消化吸收不良、慢性肠胃病和寄生虫也可能影响孩子的成长发育。

首先,营养摄取要均衡,这是非常重要的,蛋白质、脂肪、维生素、矿物质、纤维素、碳水化合物和水,七大营养因素缺一不可。

其次,据医学专家调查研究,同龄孩子经常运动的比不爱运动的平均身高高4至8厘米,有的甚至更多。其中纵向运动对身高的促进作用比较明显,比如跳绳。《中国学龄前儿童膳食指南》中提到,应鼓励儿童经常参加户外游戏与活动,每天至少60分钟体育活动。

再次,人体的生长激素分泌密集期一般是在夜晚,如果孩子睡眠时间不足,睡眠质量差,势必会影响生长激素的持续分泌,自然也就造成孩子矮小或者发育不良。

精要分享

0-6岁　男童身高（长）标准值（cm）

（释义：SD为标准差）

年龄	月龄	-3SD	-2SD	-1SD	中位数	+1SD	+2SD	+3SD
出生	0	45.2	46.9	48.6	50.4	52.2	54.0	55.8
	1	48.7	50.7	52.7	54.8	56.9	59.0	61.2
	2	52.2	54.3	56.5	58.7	61.0	63.3	65.7
	3	55.3	57.5	59.7	62.0	64.3	66.6	69.0
	4	57.9	60.1	62.3	64.6	66.9	69.3	71.7
	5	59.9	62.1	64.4	66.7	69.1	71.5	73.9
	6	61.4	63.7	66.0	68.4	70.8	73.3	75.8
	7	62.7	65.0	67.4	69.8	72.3	74.8	77.4
	8	63.9	66.3	68.7	71.2	73.7	76.3	78.9
	9	65.2	67.6	70.1	72.6	75.2	77.8	80.5
	10	66.4	68.9	71.4	74.0	76.6	79.3	82.1
	11	67.5	70.1	72.7	75.3	78.0	80.8	83.6
1岁	12	68.6	71.2	73.8	76.5	79.3	82.1	85.0
	15	71.2	74.0	76.9	79.8	82.8	85.8	88.9
	18	73.6	76.6	79.6	82.7	85.8	89.1	92.4
	21	76.0	79.1	82.3	85.6	89.0	92.4	95.9
2岁	24	78.3	81.6	85.1	88.5	92.1	95.8	99.5
	27	80.5	83.9	87.5	91.1	94.8	98.6	102.5
	30	82.4	85.9	89.6	93.3	97.1	101.0	105.0
	33	84.4	88.0	91.6	95.4	99.3	103.2	107.2
3岁	36	86.3	90.0	93.7	97.5	101.4	105.3	109.4
	39	87.5	91.2	94.9	98.8	102.7	106.7	110.7
3岁	42	89.3	93.0	96.7	100.6	104.5	108.6	112.7
	45	90.9	94.6	98.5	102.4	106.4	110.4	114.6

	48	92.5	96.3	100.2	104.1	108.2	112.3	116.5
4岁	51	94.0	97.9	101.9	105.9	110.0	114.2	118.5
	54	95.6	99.5	103.6	107.7	111.9	116.2	120.6
	57	97.1	101.1	105.3	109.5	113.8	118.2	122.6
	60	98.7	102.8	107.0	111.3	115.7	120.1	124.7
5岁	63	100.2	104.4	108.7	113.0	117.5	122.0	126.7
	66	101.6	105.9	110.2	114.7	119.2	123.8	128.6
	69	103.0	107.3	111.7	116.3	120.9	125.6	130.4
	72	104.1	108.6	113.1	117.7	122.4	127.2	132.1
6岁	75	105.3	109.8	114.4	119.2	124.0	128.8	133.8
	78	106.5	111.1	115.8	120.7	125.6	130.5	135.6
	81	107.9	112.6	117.4	122.3	127.3	132.4	137.6

0-6岁 男童体重标准值（kg）

年龄	月龄	-3SD	-2SD	-1SD	中位数	+1SD	+2SD	+3SD
出生	0	2.26	2.58	2.93	3.32	3.73	4.18	4.66
	1	3.09	3.52	3.99	4.51	5.07	5.67	6.33
	2	3.94	4.47	5.05	5.68	6.38	7.14	7.97
	3	4.69	5.29	5.97	6.70	7.51	8.40	9.37
	4	5.25	5.91	6.64	7.45	8.34	9.32	10.39
	5	5.66	6.36	7.14	8.00	8.95	9.99	11.15
	6	5.97	6.70	7.51	8.41	9.41	10.50	11.72
	7	6.24	6.99	7.83	8.76	9.79	10.93	12.20
	8	6.46	7.23	8.09	9.05	10.11	11.29	12.60
	9	6.67	7.46	8.35	9.33	10.42	11.64	12.99
	10	6.86	7.67	8.58	9.58	10.71	11.95	13.34
	11	7.04	7.87	8.80	9.83	10.98	12.26	13.68

年龄								
1岁	12	7.21	8.06	9.00	10.05	11.23	12.54	14.00
	15	7.68	8.57	9.57	10.68	11.93	13.32	14.88
	18	8.13	9.07	10.12	11.29	12.61	14.09	15.75
	21	8.61	9.59	10.69	11.93	13.33	14.90	16.66
2岁	24	9.06	10.09	11.24	12.54	14.01	15.67	17.54
	27	9.47	10.54	11.75	13.11	14.64	16.38	18.36
	30	9.86	10.97	12.22	13.64	15.24	17.06	19.13
	33	10.24	11.39	12.68	14.15	15.82	17.72	19.89
3岁	36	10.61	11.79	13.13	14.65	16.39	18.37	20.64
	39	10.97	12.19	13.57	15.15	16.95	19.02	21.39
	42	11.31	12.57	14.00	15.63	17.50	19.65	22.13
	45	11.66	12.96	14.44	16.13	18.07	20.32	22.91
4岁	48	12.01	13.35	14.88	16.64	18.67	21.01	23.73
	51	12.37	13.76	15.35	17.18	19.30	21.76	24.63
	54	12.74	14.18	15.84	17.75	19.98	22.57	25.61
	57	13.12	14.61	16.34	18.35	20.69	23.43	26.68
5岁	60	13.50	15.06	16.87	18.98	21.46	24.38	27.85
	63	13.86	15.48	17.38	19.60	22.21	25.32	29.04
	66	14.18	15.87	17.85	20.18	22.94	26.24	30.22
	69	14.48	16.24	18.31	20.75	23.66	27.17	31.43
6岁	72	14.74	16.56	18.71	21.26	24.32	28.03	32.57
	75	15.01	16.90	19.14	21.82	25.06	29.01	33.89
	78	15.30	17.27	19.62	22.45	25.89	30.13	35.41
	81	15.66	17.73	20.22	23.24	26.95	31.56	37.39

0-6岁 男童头围标准值（cm）

年龄	月龄	-3SD	-2SD	-1SD	中位数	+1SD	+2SD	+3SD
出生	0	30.9	32.1	33.3	34.5	35.7	36.8	37.9
	1	33.3	34.5	35.7	36.9	38.2	39.4	40.7
	2	35.2	36.4	37.6	38.9	40.2	41.5	42.9

出生	3	36.7	37.9	39.2	40.5	41.8	43.2	44.6
	4	38.0	39.2	40.4	41.7	43.1	44.5	45.9
	5	39.0	40.2	41.5	42.7	44.1	45.5	46.9
	6	39.8	41.0	42.3	43.6	44.9	46.3	47.7
	7	40.4	41.7	42.9	44.2	45.5	46.9	48.4
	8	41.0	42.2	43.5	44.8	46.1	47.5	48.9
	9	41.5	42.7	44.0	45.3	46.6	48.0	49.4
	10	41.9	43.1	44.4	45.7	47.0	48.4	49.8
	11	42.3	43.5	44.8	46.1	47.4	48.8	50.2
1岁	12	42.6	43.8	45.1	46.4	47.7	49.1	50.5
	15	43.2	44.5	45.7	47.0	48.4	49.7	51.1
	18	43.7	45.0	46.3	47.6	48.9	50.2	51.6
	21	44.2	45.5	46.7	48.0	49.4	50.7	52.1
2岁	24	44.6	45.9	47.1	48.4	49.8	51.1	52.5
	27	45.0	46.2	47.5	48.8	50.1	51.4	52.8
	30	45.3	46.5	47.8	49.1	50.4	51.7	53.1
	33	45.5	46.8	48.0	49.3	50.6	52.0	53.3
3岁	36	45.7	47.0	48.3	49.6	50.9	52.2	53.5
	42	46.2	47.4	48.7	49.9	51.3	52.6	53.9
4岁	48	46.5	47.8	49.0	50.3	51.6	52.9	54.2
	54	46.9	48.1	49.4	50.6	51.9	53.2	54.6
5岁	60	47.2	48.4	49.7	51.0	52.2	53.6	54.9
	66	47.5	48.7	50.0	51.3	52.5	53.8	55.2
6岁	72	47.8	49.0	50.2	51.5	52.8	54.1	55.4

（数据来源：卫生部妇幼保健与社区卫生司）

作为父母，我们需要对照以上数据来评估0-6岁男孩的发育情况，不在标准范围值内的要重视起来。

关于0-6岁男孩的视力,最重要的当然是防止近视、散光等一些问题的出现,对此,我们要定期对孩子的视力进行检测,且需要了解不同年龄段检测的重点。以下是国家卫生健康委办公厅2021年印发的0-6岁儿童眼保健及视力检查服务规范,供家长参考。

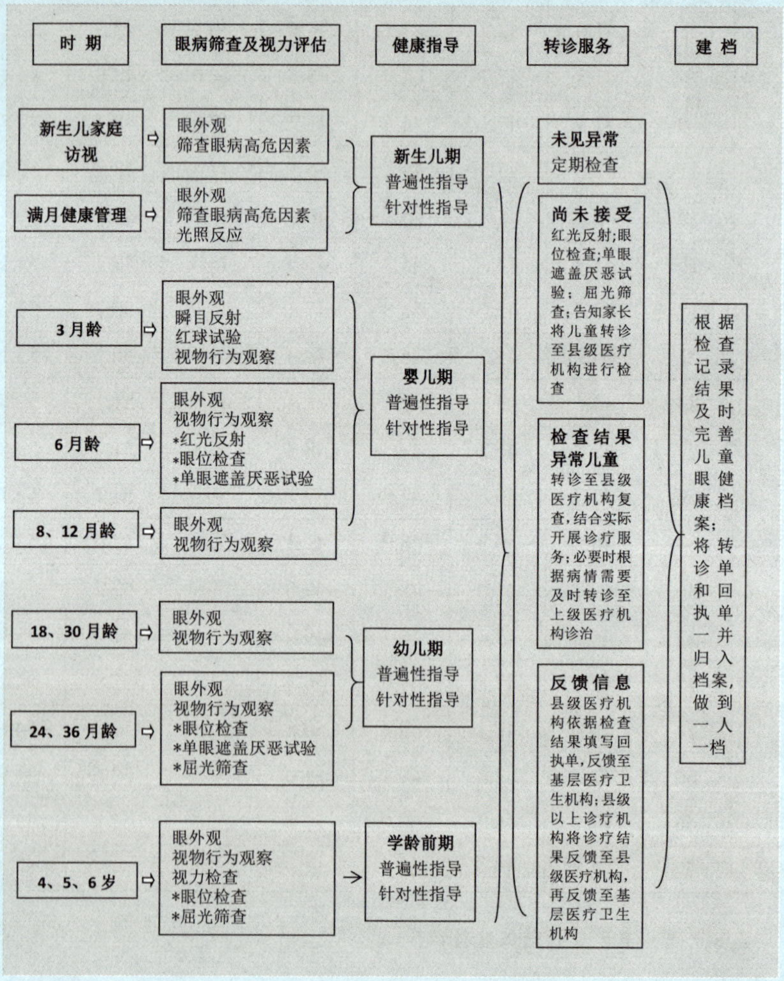

时期	眼病筛查及视力评估	健康指导	转诊服务	建档
新生儿家庭访视	眼外观 筛查眼病高危因素	新生儿期 普遍性指导 针对性指导	未见异常 定期检查	根据检查记录结果及时完善儿童眼健康档案,将转诊回单和执行单并归入档案,做到一人一档
满月健康管理	眼外观 筛查眼病高危因素 光照反应		尚未接受 红光反射;眼位检查;单眼遮盖厌恶试验;屈光筛查;告知家长将儿童转诊至县级医疗机构进行检查	
3月龄	眼外观 瞬目反射 红球试验 视物行为观察	婴儿期 普遍性指导 针对性指导		
6月龄	眼外观 视物行为观察 *红光反射 *眼位检查 *单眼遮盖厌恶试验		检查结果异常儿童 转诊至县级医疗机构复查,结合实际开展诊疗服务;必要时根据病情需要及时转诊至上级医疗机构诊治	
8、12月龄	眼外观 视物行为观察			
18、30月龄	眼外观 视物行为观察	幼儿期 普遍性指导 针对性指导	反馈信息 县级医疗机构依据检查结果填写回执单,反馈至基层医疗卫生机构;县级以上诊疗机构将诊疗结果反馈至县级医疗机构,再反馈至基层医疗卫生机构	
24、36月龄	眼外观 视物行为观察 *眼位检查 *单眼遮盖厌恶试验 *屈光筛查			
4、5、6岁	眼外观 视物行为观察 视力检查 *眼位检查 *屈光筛查	学龄前期 普遍性指导 针对性指导		

12岁前,男孩"生长痛"该注意些什么

成长目标

1. 了解男孩"生长痛"的成因。

2. 采用正确的方式预防或治疗"生长痛"。

开篇导读

男孩子在成长的过程中,在没有受到任何磕碰及外伤史的情况下,总是会莫名其妙地感到身体的某个部位疼痛,这是什么原因呢?

其实,这是男孩发育过程中的一种正常生理表现,学名叫"生长痛"。所谓"生长痛"是指孩子在生长发育过程中正常经历的一种生理疼痛,多发于3岁至12岁这个时期,主要原因是这个时期的孩子处于快速成长发育阶段,骨骼生长迅速,而四肢长骨周围神经、肌腱、肌肉生长相对较慢,于是容易产生牵拉痛,通常为间歇性疼痛,持续时间为几分钟或者几个小时。

男孩成长导图

故事赏析

　　四岁的小辉是幼儿园中班的学生，有些调皮，在妈妈眼里，这个小家伙鬼点子特别多，比如三岁的时候去超市，看到自己喜欢的东西，妈妈如果不买就躺在地上一动不动；看到别的小朋友吃好吃的，他会对妈妈说："妈妈，那个小朋友吃的东西是什么味道呀？"

　　这段时间，妈妈在接小辉放学的时候，男孩说："妈妈我腿疼，你抱着我！"妈妈觉得小家伙肯定是懒惰不肯走，不予理会。

　　但后来好几次小辉都说自己的腿痛，妈妈心想，他是不是在幼儿园摔着了，查看身体并没有发现明显的伤痕，问了老师也说没有摔倒的情况。再后来，妈妈发现孩子的疼痛点很不固定，这让妈妈有些紧张，家里的老人也是一再催促带孩子去医院检查一下。

　　为查明疼痛原因，妈妈带着小辉到了医院。一番检查下来，医生告诉孩子妈妈，小辉身体很健康，并没有什么异常，应该是"生长痛"。

　　关于"生长痛"，很多人可能不太了解，因为每个人的痛感不同，所以并不是每个孩子都能够表达出来，自然，父母也很难察觉。其实，"生长痛"会发生在每一个孩子身上，尤其是男孩子。

养育方法》

　　对于男孩子在成长过程中的"生长痛"，作为父母应该如何应对呢？

　　第一，明白"生长痛"的特征。 通常"生长痛"有这样几个特点：一是无任何征兆；二是活动的时候不痛，但是不活动时就会痛，尤其是在晚上；三是来得快，去得也快，孩子睡醒后疼痛就会消失。

第二,"生长痛"虽然是一种正常的生理情况,但家长仍然要重视,确定除了生长痛的因素之外,孩子没有潜藏其他健康隐患。

第三,确定是"生长痛"所造成的疼痛时,家长可在睡前采取让孩子洗热水澡、用毛巾热敷、给孩子按摩等方式缓解孩子的疼痛。

第四,大多数孩子的"生长痛"是由于过度运动造成的,但不能为了避免"生长痛"而限制孩子运动,适当运动即可。

儿童生长痛的三个特征

1	一般发生在3至12岁之间
2	表现为间歇性的下肢疼痛,通常疼痛时间不超过30分钟
3	一般是在晚上或者凌晨时发生疼痛

精要分享

生长痛是儿童生长发育时期特有的一种生理现象,多见于3岁至12岁生长发育正常的儿童,是正常现象。一般认为生长痛的起因与骨骼生长迅速有关,儿童骨骼生长迅速,而四肢长骨周围神经、肌腱、肌肉生长相对较慢,因而产生牵拉痛。生长痛一般几天后可以自愈。家长配合给小孩子做疼痛部位的按摩热敷,能够缓解疼痛。还要给予心理关怀,安慰孩子,让孩子消除恐惧,获得安全感,转移对疼痛的注意。其次,疼痛期间要休息,尽量减少活动。

家长们大可不必因为孩子的"生长痛"而担心,科学正确地对待即可。但也不能掉以轻心,在孩子感到疼痛时要查明是"生长痛"问题还是其他原因造成的。

男孩成长导图

12岁左右,"变声"期的男孩,要懂得保护嗓子

成长目标

1. 让孩子明白变声是一种正常的生理情况。

2. 让孩子懂得"变声期"如何保护嗓子。

开篇导读

突然有一天,你发现孩子的嗓子哑了,你可能会想,难道是昨天晚上偷看手机睡晚了?或者抽烟了?晚上通宵玩游戏了……总之,各种猜测涌上心头,总是担心孩子会学坏。可孩子说:"冤枉啊!我啥都没干呀!"殊不知,还有一种原因可以让孩子的嗓子变哑,那就是孩子到了"变声期"!

一般情况下,男孩在12岁至13岁开始进入变声期,到15岁已完全进入变声期,此时青春期男孩的声音比较低沉嘶哑,一改以前的童音。变声期的时间长短因人而异,短的4至6个月,长的可达一年左右。

故事赏析

与大家分享一个真实的故事,我小的时候特别喜欢唱歌,什么郑智化、"四大天王",什么《小芳》《童年》,都要去学一学。总之,我们那个年代,家里有收录机、有磁带就是一种潮流。

我13岁时,突然有一天醒来发现,我的嗓子变哑了,说话很费劲,唱歌更难受了,高潮部分唱不上去,顿时心里很难过,担心以后唱不了歌!

我家是农村的,父母对这种情况也不管,也没有告诉我是什么原因,以后能不能恢复正常,当然,我也没问。为了能够继续唱歌,每天放学的路上我就用沙哑的嗓子一路高歌,心想,在我的努力下沙哑的声音一定会消失。可是,事与愿违,我越是努力,嗓子越是沙哑,甚至说话都困难。无奈之下,最后放弃抵抗,任由嗓子沙哑去吧……

现在想想,当初是多么幼稚,青春期"变声"是一种很正常的生理现象,如果固执地去对抗,受伤害的最终还是自己。

男孩变声期一般在13岁至16岁期间,时间为一年左右。变声期的男孩子会出现声音嘶哑、音域狭窄、声音疲劳等症状。唱歌也会非常吃力,就像年轻时的我一样,这是因为男性激素让喉结变得粗大,这个时候男孩子的声带也会变得比较脆弱。那么,在这期间,男孩子该注意什么呢?

养育方法

第一，变声期的嗓子保护。男孩子在变声期要格外注意保护嗓子，切忌大声喊叫，不要过度使用嗓子，防止嗓子疲劳，否则会造成声带损伤，造成声音永久性嘶哑，还有可能引起咽喉疾病。

第二，注意休息和饮食。在变声期，不可过度劳累，保持良好的睡眠，尽量不要情绪激动。少吃辛辣、刺激、过硬、过粗的食物，不在嗓子疲劳时马上饮水。

第三，避免着凉。男孩子在着凉时容易出现上呼吸道感染，引起咽喉部的水肿，从而影响到声带发育。

精要分享

男孩子变声是男性的第二性征。对此，我们除了要让孩子在变声期懂得保护好嗓子外，还要注意孩子的年龄，男孩变声期一般在13岁至16岁期间，医学上如果男孩子在9岁以前出现第二性征现象，有可能是孩子性早熟的表现，应该及时前往医院就诊。

12岁左右，讨厌的青春痘

成长目标

1. 解决男孩被青春痘困扰的负面心理。

2. 让孩子了解青春痘的成因，理智看待科学消除。

开篇导读

在男孩青春期，总会有些小痘痘悄无声息地出现在男孩的脸部，爱美之心人皆有之，男孩也是如此。那些突然出现的青春痘，会让男孩产生自卑感，甚至很多男孩子为了快速去除青春痘，采用错误的方法去痘导致脸部皮肤受损，这是非常糟糕的事情。

青春期的男孩，由于体内激素水平高，毛囊分泌油脂多，容易堵塞毛孔而出现青春痘。一般来说，青春痘出现于青春期前后，现实中，有不少12岁至13岁的男孩出现青春痘，不用过分烦恼，这属于正常生理现象。

故事赏析

王女士儿子的额头上不知道什么时候长了几个红疙瘩，很在意儿子健康的王女士便带着儿子去医院做检查。

在皮肤科的走廊里等待就诊时，有个老奶奶看到王女士儿子脸上的红疙瘩，说："这就是青春痘啊！孩子在青春期发育的时候都会有，长大了自然就好了，不用看医生，你们还挂专家号，真是浪费钱！"

王女士其实也猜测就是青春痘，但并不确定，心想让儿子查一下更放心。她对老奶奶有礼貌地说："有可能是青春痘吧，检查一下更放心，反正也花不了几个钱。"

在老一辈的观念中，孩子在青春期长痘痘是一件很正常的事情，完全没有必要大惊小怪，大多采用让其自生自灭的方法。而随着时代的发展，人们对健康及美的重视程度在不断提高，采用科学的方法对待类似的事情是完全正确的做法。也就是说，男孩在青春发育期脸上长出的青春痘我们不能放任不管，非常有必要去正规的医疗机构进行检查。

男孩脸上长青春痘的具体原因有：

内因：内分泌失调、毛囊角化异常、皮肤油脂旺盛、皮肤病或皮肤护理不当等。

外因：皮肤不洁、药物刺激，比如一些刺激内分泌失调的药物；长期疲劳、睡眠质量不佳等。

总之，造成青春痘出现乃至疯长的原因有很多，那么，作为父母该如何引导孩子正确面对及处理呢？

第一章 男孩生理成长导图

养育方法

第一，**心态方面**。要让孩子保持一个平和的心态，不要因为脸上有痘痘而失落自卑，让孩子认识到，这是一种正常的生理现象。

第二，**饮食方面**。合理饮食，尽量少吃或者不吃辛辣的食物，要多吃清淡的食物，从身体内部进行调节；多喝水，保持皮肤清洁；最重要的是不要用手去挤压痘痘，这样做很有可能会留下伤痕，严重者还可能会引起化脓发炎，脓疮破溃吸收后形成疤痕和色素沉着。

第三，**运动方面**。适当坚持运动，运动可以加快血液循环，能够把身体内的废物毒素及时排出体外，在皮肤出汗的过程中保持毛孔的通畅，可在一定程度上阻碍青春痘的生长。

精要分享

痘痘、青春痘都是痤疮的俗称，是多发于青壮年的毛囊皮脂腺慢性炎症性疾病。因为这个病好发于面部，所以常常给大家带来困扰。特别要注意的是，已经形成的痘痘千万不要挤。在饮食方面，要注意少吃辛辣、刺激的食物，少吃甜食。饮食、睡眠要保持比较好的节律。如果已经出现了白头粉刺、黑头粉刺这样的轻度痤疮，可以选外用的维甲酸软膏来使用。这个药有光敏性，所以尽量在睡前使用。如果皮损加重，出现了红色的丘疹或脓疱，可以加用外用抗生素软膏，比如夫西地酸软膏、莫匹罗星

软膏等。涂抹软膏的时候要先清洁双手,避免手上有不干净的东西带到眼睛或者口腔造成污染。如果再进一步加重,形成中重度痤疮,一般要使用口服抗生素或异维A酸软胶囊来治疗,由于这些药有一定的副作用或者禁忌,建议大家到医院就诊后在医生指导下使用。

第一章　男孩生理成长导图

附　0-7岁：了解幼儿生理特点，做合格的呵护人

0-7岁的男孩子，要想让他更优秀，需掌握正确的养育方法，首先我们要了解0-7岁男孩子在不同年龄段所表现出的一些特点。

年龄	生理特点
1岁	正在掌握对男孩来说难度比较大的动作技能，比如开始学走路、开始注意手和眼协调等。开始喜欢与小朋友玩，爱到户外活动，父母做家务时喜欢跟着一起做。爱听表扬和鼓励的话。
2岁	好奇心、探索性进一步加强，喜欢摆弄小玩意，比如摆弄小物体，探索小东西的各种组合方式等。
3岁	能用较恰当的词句向别人表达自己的思想和要求，能初步辨认红、黄、蓝、绿等常见色；辨认上下前后方位，掌握圆形、方形、三角形等。
4岁	好奇心强，爱尝试和发问，很多东西都想尝试了解；爱模仿，看见别人玩什么，自己就玩什么，看见别人有什么，自己就要什么。
5岁	活泼好动，天真单纯，比较任性，以自我为中心；思维具体形象；主观意识加强。
6岁	争强好胜，非常在乎输赢；身体的灵活性、平衡感、敏捷性、力量这四个基本动作能力得以发展；表现出成熟的扔、抓行为模式。
7岁	自我意识开始逐渐强烈，反抗意识明显增强。身体方面骨骼中的有机物较多而无机物较少，弹性大而硬度小，脊柱尚未定型。

男孩成长导图

针对0-7岁男孩子的特点，我们需要着重注意以下一些方面。

年龄	养育要点
1岁	孩子走路摔倒时，鼓励他自己爬起来，以此来锻炼孩子的平衡性；经常带孩子去户外，一方面让孩子呼吸新鲜空气和晒晒太阳；另一方面，给孩子创造接触新鲜事物的条件。
2岁	提供一些适当的游戏来锻炼孩子的动手能力，比如搭积木游戏、捡起正在滚动的球或其他移动的物体、涂涂画画、用黏土捏一些器物、反复打开瓶盖等。
3岁	培养孩子认知大小、颜色、形状等基本概念；指导孩子进行正确观察，激发孩子的观察兴趣，促进孩子观察的发展。
4岁	不要嫌孩子麻烦，用通俗易懂简洁的语言解答孩子的"为什么？"因势利导，教育孩子什么可以玩，什么不可以玩，鼓励孩子与其他孩子进行玩具交换，一方面满足孩子的需求，一方面可培养孩子的初步的交往能力。
5岁	让孩子乐于为自己的行为承担责任；培养孩子乐观、积极向上的心理状态，鼓励孩子积极地去尝试。
6岁	培养孩子的情绪控制力；尽量不要约束孩子的运动，根据孩子的兴趣爱好可着重培养孩子参与某项运动。
7岁	孩子上小学后坐在教室的时间较多，要注意坐、立的正确姿势，以免骨骼发生弯曲变形；加强培养孩子的规矩意识。

精要分享

据调查，2006年0岁至7岁儿童单纯性肥胖症发生率达7.2%。肥胖症发生的原因之一就是孩子在成长阶段营养不均衡，而如果我们能够在孩子0岁至7岁不同阶段根据孩子的生理、心理进行正确引导，那么，这种情况发生的概率就会大大降低。

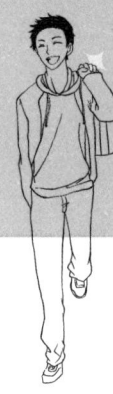

第二章

男孩心理成长导图

阶段	特征	应对
0-6岁	语言能力发展较快	父母应尽可能地教他说话
	好动，爱冒险	少约束，释放男孩的天性
	自以为是	思维理解能力有限
	探索意识强	鼓励探索，并教授安全知识
	心理安全感增强	爱护、关注会让男孩的安全感增强。
	过激情绪明显	正确引导
7-14岁	男子汉行为明显	不约束
	攀比意识凸显	树立正确价值观
	情感理解力提升	理解男孩子内心的情感
	产生英雄情结	灌输正确理念，谨防危险模仿
	与父母产生距离	放手，给男孩自由
15岁-成年	抽象思维增强	肯定男孩的思维，引导避免过激行为
	对异性感兴趣	肯定男孩的感觉，告知正确的爱情观
	团队归属感强	了解男孩的团队，引导男孩选择朋友

男孩成长导图

0-7岁：男孩情绪、情感培养的关键期

成长目标
1. 了解并认识0-7岁孩子的情绪。
2. 掌握了解造成孩子不同情绪背后的原因。
3. 掌握正确处理孩子情绪的方法。

开篇导读

有人说，孩子的脸就像天气，刚才还阳光明媚，但没过一会儿就变得乌云密布。这话一点也没错，这就是0岁至7岁孩子成长过程中的情绪发展特点，主要表现是易变、易感、易冲动，当然，这些特点会随着年龄的增长而逐渐减弱。由于这个时期的情绪容易形成一种"习惯"，极有可能会成为孩子成年后情绪的雏形，所以，这个年龄段是培养孩子情绪、情感的关键期。

故事赏析

我们来分享一个关于两个小男孩第一天上幼儿园的故事。

第一个小男孩被妈妈带到幼儿园，妈妈准备离开时，孩子伤心得哇哇大哭，妈妈看到孩子哭得如此伤心，赶紧跑回去抱起孩子进行安抚，5分钟后孩子不哭了，妈妈再次交给幼儿园的老师，并温和地告诉孩子，幼儿园是一个非常好玩的地方，有玩具，有小朋友。接着妈妈指着幼儿园的操场说："你看，这还有滑梯，你只要听老师的话，表现好的话还可以玩滑梯哦！"

孩子听妈妈讲了这么多有趣的东西，慢慢地也不哭了，跟着老师走进了幼儿园。

第二个小男孩也是妈妈送到幼儿园的，他的表现和第一个小男孩刚开始一样，也是哇哇大哭不肯进校门，这位妈妈的脾气比较火爆，安抚了几次依然没有效果后，生气地说："哭什么哭，你看别的小朋友哭了没。"说完便转身头也不回地离开了，小男孩看到妈妈离开并没了踪影后，也不哭了，跟着老师走进了幼儿园。

那么，在这种情况下，你们觉得哪位妈妈做得对呢？

有人说第一位妈妈做得对，用孩子感兴趣的东西来安抚他的情绪，转移孩子的注意力，在和谐的气氛下解决问题。但有些人可能会觉得，这样会不会让孩子产生依赖心理？

有人说第二位妈妈做得对，因为这样可以断绝孩子的依赖心理，让他知道哭是没用的，第二次遇到这样的情况就不会再哭，相信很多家长都采用过这种方法。

而从培养男孩情绪、情感的角度讲，第二位妈妈呈现给孩子的是一种消极且极端的情绪，虽然问题得到了解决，但不利于孩子情绪的表达。这会给孩子传递这样一种潜意识思想：别人在不听我的话时我是不是也可以这样凶呢？当然，不可否认，如一些人所言，这种方式可以

消除孩子的依赖心理,知道哭没用以后就不会再用哭的方式来试图解决自己的问题,但总的来看,是弊大于利的。

所以,在男孩子0岁至7岁情绪、情感发展的关键期,我们一定要采取正确的方式去培养引导。

养育方法》

幼儿的情绪发展是一个从简单到复杂的过程,刚出生的婴儿原本只有哭闹、喜悦等单纯的情绪,随着年龄增长,逐渐分化出较复杂的情绪,例如:生气、骄傲、谦虚等。

孩子情绪成长发展特点

1—2岁	产生分离焦虑感。孩子从1岁起,除了因为自己的需求表现出各种情绪,也会开始注意到他人的情绪,并且受其影响,有时甚至可以感同身受而衍生各种情绪,例如:当旁人正在哭泣时,会受到情绪感染而开始跟着哭;当旁人哈哈大笑时,也会跟着笑。
2—4岁	嫉妒。2岁的孩子因为生活经验较多、认知能力更好,且已临近语言爆发期,会讲出许多的话语,故会为自己所拥有的能力感到骄傲。除此,因为孩子已逐渐发展出自我的概念及人际界限,会出现嫉妒等情绪。
4—6岁	同理心、担心、谦虚、自信。孩子大约从4岁开始会逐渐发展出同理心、担心、谦虚等较成熟的情绪。
7岁左右	各种基本情绪都已发展完成,并且会拥有两种情绪的情形,例如:将玩具收拾整齐,被父母称赞时,就会开心、骄傲。

针对孩子的情绪发展特点,父母应注意以下方面:

第一,培养孩子情感时先剥离自己的情绪。培养孩子的情感时首先要剥离开自己的情绪,案例中的第二位妈妈就是典型的带着情绪培养孩子,暂且不说孩子会不会听话,你传递给孩子的情绪就是你的情绪,而你的情绪是消极极端的情绪。

当孩子有情绪时，首先我们要控制好自己的情绪，客观地去引导孩子的情感。其次，要能够快速识别孩子的情绪。比如当孩子哭时，一个优秀的父母能够快速识别孩子是因为饿了哭还是因为害怕哭，或者是其他原因。不要被孩子哭的情绪所迷惑，先了解原因，再去处理情绪。

第二，不要抑制孩子情绪的表达，而要正确引导。在0岁至7岁男孩成长阶段，孩子的情绪会越来越丰富，我们要尽可能地让孩子去释放一些情绪，哭的时候就让他哭，愤怒的时候就让他愤怒，让孩子去充分地感受、认知。相反，小的时候不认知不感受，长大后就很难做到情绪自控。

第三，为孩子构建良好的情感成长环境。家庭环境对孩子情感的培养非常重要，一个三天两头吵架的家庭环境，传递给孩子的大多是消极悲观情感，不利于孩子的情感健康发展。所以我一直建议，不管夫妻之间有多大的矛盾，也不要当着孩子的面去论长短说是非，家庭成员之间有矛盾已经很不幸，切不可让孩子去承受你们的不幸。

精要分享

家庭关系、亲子关系直接影响孩子的心理健康。干预孩子的心理健康，从改变我们的认识、调节我们的情绪、科学的行为管理三个角度去进行，要做到"两要"和"两不要"。"两要"是要改变养育观念、要改变家庭沟通氛围；"两不要"是不要过度自责、不要过分恐慌。

男孩成长导图

0-7岁：阳光男孩，从阳光环境开始

成长目标
1. 构建男孩积极乐观的心理雏形。
2. 让男孩自己能够直面或主动解决一些小困难。

开篇导读

很多过来人都有这样一个体会：教育男孩子要比教育女孩子难得多。在培养管理上，男孩子与女孩子相比更加难以管教、更加叛逆。管得太严厉，男孩就会怕父母，变得懦弱；管得太松，又容易学坏。所以，教育男孩要把握一个度，这个度的基线就是"阳光"，在阳光的环境下培养具有阳光心理的男孩。

故事赏析

短视频的兴起，让我们看到了很多趣事，了解了各种各样的男孩。很多男孩子的表现被父母或路人拍成了段子传到网上，其中有这样一个视频：

在一个商场里，有一个四岁左右的小男孩，不哭不闹但躺在商场的地上打滚，母亲在一旁默默地看着，束手无策。

可能是孩子想要买一个自己喜欢的东西，母亲不给买，男孩不高兴了，不哭也不闹就躺在地上打滚。男孩子为什么不哭？为什么采用躺在地上打滚的方式表示抗议？这些问题可以归结为一个问题，那就是心理问题。我们来做一个分析。

第一，男孩子之前可能经常采用这种方式对抗父母，让父母满足自己的要求，显然，之前很长一段时间这种方法很奏效，大多数时候父母都会妥协，从而形成了一种"一闹就满足"的心理。

第二，男孩可能性格内向且较为胆怯，不喜欢或害怕用语言表达自己的诉求，所以采用肢体行为来表达自己强烈的诉求。而造成孩子性格内向、胆怯的主要原因还是心理问题。

一个具有阳光心理的男孩，通常他会直接向父母清楚地表述自己的要求，即使父母拒绝，也会认真倾听父母的理由，表达自己的观点。

那么，在男孩子0岁至7岁之间，我们该如何培养其阳光的心理呢？

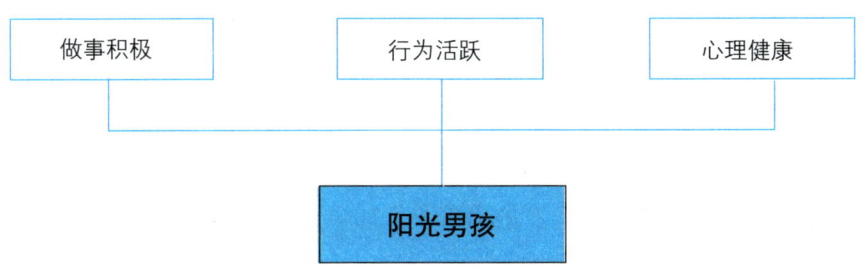

养育方法 >>

第一，尽力打造阳光的成长环境。阳光的家庭环境决定了男孩阳光心理的70%，因为这个年龄段孩子的大多数时间都是在家里度过。所以，父母在工作中还是生活中不管遇到多大的困难，彼此的矛盾有多大，在孩子面前，都要表现得尽量阳光一些，多交流一些开心的事，为孩子尽力塑造一个阳光的家庭环境。

第二，拒绝孩子要有理有据。小孩子经常会向父母提出一些无理的、过分的或者不成熟的要求。比如7岁的孩子，要家长为其买一个手机，作为家长，当然要拒绝。但拒绝的同时要说出理由，为什么不行。

第三，故事及榜样引导。3岁左右的男孩大多喜欢听故事，我们可以选择一些阳光的故事读给孩子听，进行引导；同时父母也应该以身作则，在孩子面前表现出积极阳光的一面。

第四，正视孩子的缺点或缺陷。对于孩子自身的一些缺点或缺陷，拥有阳光的心态尤为重要。父母没必要回避或者否认这些事实，要和孩子积极地讨论解决方法，以及去正视或者欣然接受。

精要分享

一个阳光快乐的孩子是一个能自主思考的孩子，他有能力面对生活中的各种困难，也能在社会中找到自己的位置。0岁至7岁的男孩子正如早上八九点钟的太阳，应该是活力四射的样子。

0-7岁：好奇心是孩子最好的老师

成长目标
1. 保持孩子好奇心理不减弱。
2. 运用孩子的好奇心理培养优势。
3. 鼓励并培养孩子的好奇心理向好的方向发展。

开篇导读

好奇是男孩的本性，尤其是0岁至7岁刚开始接触世界的男孩，看什么都是新奇的，这里摸摸，那里摸摸，似乎对什么都很好奇，这种心理在0岁至7岁时最为强烈。同时，这种好奇心理的强度关系着孩子心理成长的速度。

故事赏析

大概是在4岁的时候，小辉就对玩水特别感兴趣。早上洗脸的时候，他会用手堵住水龙头，水溅得到处都是，直到妈妈看见了并制止他。走在马路上，看到给绿化带浇水的喷灌偶尔会喷到人行道上，他便故意在水即将喷到人行道上的时候过去淋水，自己玩得不亦乐乎，

男孩成长导图

但弄得衣服裤子全是水,最后被妈妈批评、强行拽走……

这样的事情很多,妈妈越是阻止,小辉越是来劲,怎么办呢?

后来,妈妈想了一个办法,在下雨的时候,妈妈不再阻止他去玩水,给他穿上雨衣和雨靴,让他自己在雨中玩个痛快。想不到在玩了几次后,小辉便对玩水失去了兴趣,很少再去玩水了。

小男孩都有较强的好奇心理,同时随着年龄的增长,他们叛逆的心理也会越来越强,父母越是不让做,他们偏要去做,且好奇心理会持续很长一段时间。这就是小辉的妈妈刚开始一直阻止小辉玩水却没有效果的原因。而当妈妈顺势引导小辉的兴趣后,小辉的求知欲很快被满足,那么,他的好奇心就会被迁移到其他地方。

其实,男孩好奇的心理是男孩成长中最好的老师,作为家长,我们首先不能由于男孩的好奇心导致其做出一些错误行为,就认为是孩子的问题,而应该客观地去审视孩子行为,发现孩子的好奇心理,而后进行引导,把好奇心作为孩子向好的方向发展的引子。

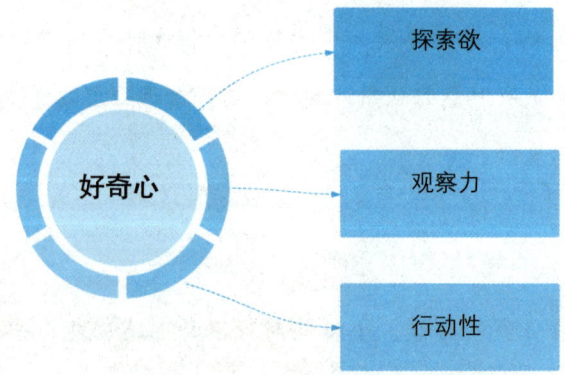

养育方法

第一，冷静地看待孩子的顽皮。对于男孩的顽皮行为不要着急上火，首先应充分了解孩子的好奇心：他为什么要这样做？这样做的目的是什么？了解孩子的好奇心理，才能对症下药。

第二，顺势引导。如案例中所说，不要试图用强硬的方式阻止孩子的好奇心，而是要顺势引导或转移。比如孩子要做英雄，拿着玩具剑在家里乱舞，经常砸坏东西。这时我们可以告诉孩子，真正的英雄是德才兼备的，是足智多谋的，他们喜欢读书，擅长计算等，以此来把孩子引向好的方面。

第三，认真对待孩子的提问。很多小男孩总是有问不完的问题，"为什么"一个接着一个，这是好奇心使然。这个时候，父母不可敷衍，也不可默不作声。不管孩子的问题是多么幼稚可笑，父母都要认真倾听，认真解释。哪怕自己也不知道答案，我们可以引导孩子去自己查找答案。切不可流露出无所谓或者厌烦的情绪，甚至胡乱编造。

第四，主动分享好奇心。如果父母对周围的事物不感兴趣，对孩子的好奇心不在意，那么，孩子的好奇心就得不到满足，甚至会遭到压制，这对孩子的成长是非常不利的。首先，我们可以用好奇的态度与孩子探讨一些问题，引导孩子去探索；其次，父母应向孩子主动展示一些好玩的东西，来激发及维持孩子的好奇心，培养孩子探索知识的意识。

精要分享

苏联著名教育理论家和实践家，世界著名教育家霍姆林斯基曾说："人的内心里有一种根深蒂固的需要，就是希望自己是发现者、研究者、探寻者。在儿童的精神世界中，这种需求异常强烈。但如果不向这种需求供给养料，即不接触事实和现象，缺乏认识的乐趣，这种需求就会逐渐消失，求知兴趣也与之一道熄灭。"

好奇心是儿童成长过程中的基本特性，我们不但要正确维护其强烈性，更要正确引导其发展方向，这样我们的小男子汉才会更加优秀。

8-14岁：给孩子一个"男子汉"的标准

成长目标

1. 提升男孩"男子汉"意识。
2. 加强男孩对"男子汉"的崇拜及渴望。
3. 纠正男孩子"娘娘腔""奶油味"倾向。

开篇导读

几乎每个男孩都有一个英雄梦，都曾幻想"仗剑走天涯"，幻想自己是"奥特曼"，要打败所有的怪兽，幻想自己是孙悟空，要收服所有的妖怪等。这种"男子汉"或者"英雄"心理在男孩3岁左右的时候就已经萌发，随着年龄的增长，对现实世界了解的深入，在8岁至14岁的时候，这种心理会由最初的虚幻逐渐向现实转变。鉴于此，在这个年龄段为孩子树立一个"男子汉"的标准会有利于男孩子正向发展。

男孩成长导图

故事赏析

男孩刚八岁,这天,他带着三岁的妹妹在家里玩,突然妹妹玩的遥控汽车玩具不动了,妹妹着急地问男孩:"哥哥,你看,汽车怎么不动了!"

男孩子看了看妹妹手中的遥控器,发现指示灯不亮,说:"我知道怎么回事,换个新电池就好了。"他找到工具箱,拿出一个十字螺丝刀,打开电池盖。然后跑到爷爷屋子要电池,爷爷说:"你不会弄,我来弄。"男孩"固执"地说"我会装",拗不过男孩子,爷爷给了他两节新电池,并告诉男孩子弹簧要对着电池"屁股"!

很快男孩为遥控器换上了新电池,妹妹又开心地玩了起来。

妈妈下班回家后,爷爷将这件事情告诉了妈妈,妈妈责备男孩说:"小孩子不能玩螺丝刀,你不知道很危险吗?"

男孩理直气壮地说:"爸爸说男子汉就要会做很多事情!"

男孩这样说是有原因的,之前男孩的妈妈和爸爸教育孩子的观念在某些方面的确存在不一致,妈妈从小就教育男孩不能这样不能那样,而男孩的爸爸却不同,只要男孩能做的事情,他都主张男孩子自己去做,并亲身示范,男孩看到爸爸会做很多事情,对爸爸很崇拜,并把爸爸当成自己心目中的"男子汉"来效仿。

在现实生活中,一些父母为了孩子的安全,从小就要求孩子这也不能做,那也不能做,甚至孩子到了十几岁还替他做一些事情,生怕孩子会弄伤自己或者遇到危险。父母爱子的心情我们可以理解,但在保证男孩安全的情况下,完全可以放手,以此来培养男孩子"男子汉"

的品性和心理。

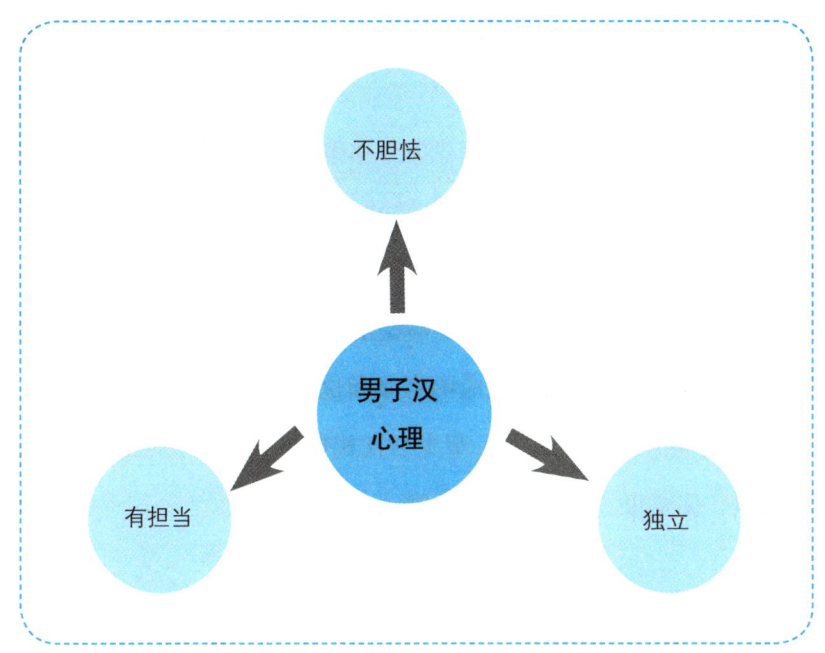

养育方法

第一，理解"男子汉"心理对男孩子成长的重要性。何谓男子汉？在一些战争电影中我们可以看到很多男子汉和英雄人物。比如在《集结号》《亮剑》等诠释男子气概的影视作品中，主人公谷子地、李云龙等能成为很多人心目中的偶像，从某种意义上说，他们代表着男性气概、男人阳刚之气。对于男孩，我们要从小强化这种思想，强化他的性别意识，让孩子意识到男子汉的优势是什么，该做什么。

第二，**该退出的时候，勇敢体面地退出**。男孩子做不到的事情却非常固执地要去尝试，这是激素的作用，通俗地讲是男性特有的行为。比如在游乐场，很多小孩子都在玩攀岩，男孩子想要试试，而父母觉

得太危险，坚决不让他去。表面看是为孩子的安全着想，实际上是对男孩子成长的阻止。所以，男孩子 8 岁以后，有些事情应该放手让男孩子去尝试。

第三，父亲的重要性。心理学家鲁格肇嘉在《父性》一书中这样写道，如果你想做一个"父亲"，你最好做到：第一，能赚钱养活太太和孩子，并陪伴他们（供养功能）；第二，能保护太太和孩子免受天灾人祸的侵扰（护佑功能）；第三，能够设定家庭规则维持家庭结构（规训功能）；第四，传递给孩子生命的意义和价值（传道功能）；第五，你一定要比其他男人强大有力，至少要比妈妈强大有力，也就是，你要是个男人，你要很"man"（胜利功能）。

所以，对于男孩来说，父亲就是自己的模仿对象，他需要模仿父亲的行为让自己成为男子汉。对此，男孩子的健康成长，父亲不可缺席。

第四，正确"对标"。不管是在当代还是古代，"男子汉"非常之多，我们可以为孩子树立一个正确的"对标"对象。比如男孩比较胆小，那么我们可以把当代军人作为"对标"对象，当然，只要父亲做得足够好，自己也可以作为男孩子的"对标"对象，引导其学习模仿。

精要分享

一位妈妈对儿子说："无论你有多大的学问，你会说几门的语言，这都不重要，我希望你能做一个有责任有担当的纯爷们。"因为孩子的责任心是塑造人格的基石，也是未来获得幸福的关键。尤其是男孩，我们不一定要他如何出色，但是一定要有担当、有责任心。

男孩成长导图

8-14岁：去除男孩想赢怕输的心理

成长目标
1. 了解孩子心理脆弱的原因。
2. 让孩子了解心理脆弱的弊端。
3. 做到"男儿有泪不轻弹"。

开篇导读

不知道是因为家长溺爱，还是社会环境影响，我们可以明显地感觉到，现在孩子的心理都非常脆弱，动不动就哭，一点小事，好像受了天大的委屈一样。尤其是男孩子，心理过于脆弱会极大地阻碍他以后的成长和事业发展。

故事赏析

非凡今年已经八岁了，上小学二年级。之前，他是一个非常爱哭的男孩子。有一次，爸爸和同学带着孩子在体育中心玩，非凡和小朋友玩赛跑的游戏，大人们当裁判，跑之前爸爸对小朋友们说："你们要加油哦，我看谁能跑第一名。"

第二章 男孩心理成长导图

一声令下，小朋友迅速跑了起来，结果是，非凡没有得第一名。随后，非凡失落地走到爸爸面前，委屈得差点哭了出来……

还有一次，妈妈让非凡写作业，写了一会儿就开始喊累，妈妈生气地开始教训他，听着听着，非凡委屈地掉下了眼泪……

显然，非凡是一个心理非常脆弱的男孩子，起初爸爸觉得，孩子还小，大了就会好一点。可是，如今非凡已经八岁了，心理依然很脆弱，和小朋友玩游戏输了会不高兴，爸爸没有兑现买玩具的承诺，会委屈地哭……

这让爸爸很是烦恼，常常想："心理这么脆弱，以后走入社会该怎么办啊？"

我们常说，胜败乃兵家常事，而对于一些男孩子来说，赢了，他会高兴得手舞足蹈，甚至到处炫耀；而输了，却只会垂头丧气、哭泣甚至自暴自弃。这是一种不健康的心理，那么，我们该如何调整孩子的这种心理呢？

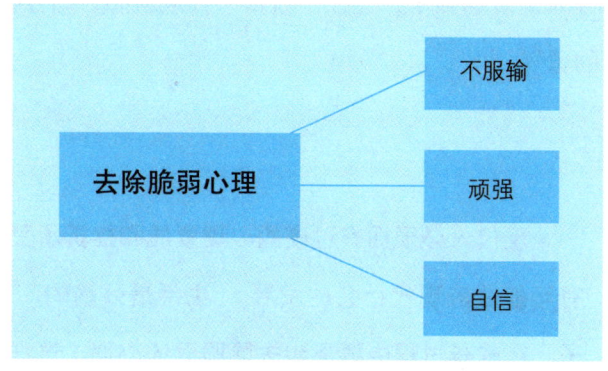

51

养育方法

第一,了解孩子心理脆弱的原因。有些孩子在家长面前会表现得很脆弱,而当家长不在身边的时候,却显得很坚强;有些孩子因为虚荣心强,产生攀比心理,看到别人比自己强,产生了强烈的失落感,心理不平衡。首先,父母要了解孩子心理脆弱的原因,不同的原因采用不同的方式进行疏导培养。

第二,表扬批评要适度。不要过度频繁地表扬孩子,过度表扬会让孩子觉得自己身上全是优点,是最棒的,虽然树立了自信心,但容易忽略自身的不足。一旦受挫,心理便难以承受。同样,过度批评会让孩子失去自信。对此,表扬批评一定要适度,要让孩子受得起表扬,也经得起批评。

第三,帮助孩子消除挫折感。当孩子遇到挫折时,父母可转移孩子受挫委屈的意识,比如聊聊别的话题,而当孩子通过努力战胜挫折或困难时,父母要及时赞扬孩子,让孩子获得一种成就感,增强孩子今后克服困难挫折的勇气。

精要分享

现代人必须拥有过硬的心理素质和挫折承受能力,才有可能适应现代社会的发展。生活是残酷的,作为男孩子,在成长过程中要逐步去除脆弱的心理,这样才能更好地适应未来。

10-14岁：叛逆的男孩如何引导

成长目标

1. 了解男孩子青春期叛逆行为形成的原因。
2. 识别青春期男孩叛逆的行为。
3. 男孩能够与父母真诚沟通。

开篇导读

男孩子的叛逆行为往往出现在青春期阶段，尤其在10岁至14岁期间较为严重。说了不听，听了不做，管不好，不好管。对于很多父母来说，男孩的叛逆行为是一个非常让人头疼的问题，怎么办？这样下去孩子会不会成为不良少年呢？

故事赏析

有一次出差，邻座是一位40多岁的大姐，大姐非常健谈，我们就东拉西扯地聊了起来。大姐有一个14岁的儿子，我们聊着聊着就聊起了孩子聊起了教育。

大姐说："现在的孩子真是太难管了，越大越难管。"

我问:"为什么呢?"

大姐说:"孩子小的时候虽然很多事要我帮着做,但是听我的话,我不让他干一些事情就算不情愿他也不会干。现在长大了,我说一句他能回我十句,我批评他,他还会对我大吼大叫,有时候真想打他一顿,但他人高马大的,真不知道该怎么管!"

我说:"这确实让人头疼,您觉得出现这种情况,是您的问题还是孩子的问题呢?"

大姐坚定地说:"当然是孩子的问题,做父母的谁不想让自己的孩子好,但是孩子不听话能怎么办?"

听了大姐的倾诉,您是否也有同感呢?

叛逆期的孩子确实难管。对于孩子的叛逆,首先我们要明白,这是男孩子在成长过程中非常正常的一种由心理原因而导致的行为现象。其次,对于青春期叛逆的孩子,我们首先要客观地去看待这个问题,不要认为我们的孩子"没救了",别人家的孩子怎么那么听话等。每个孩子都有青春叛逆期,只是表现不同而已。

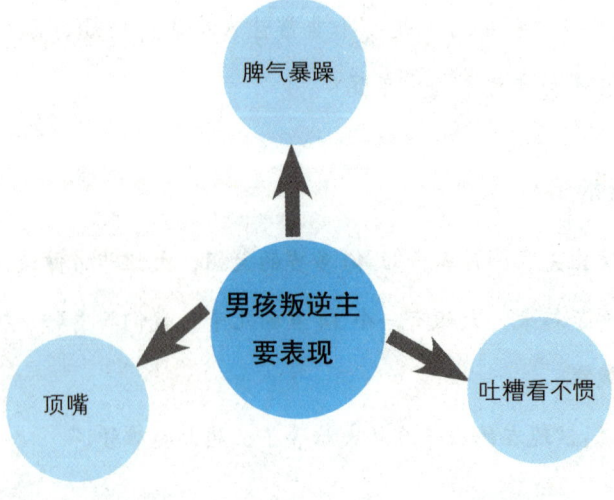

第二章 男孩心理成长导图

养育方法

第一，男孩子青春期叛逆、不听话的原因是什么？

冰冻三尺非一日之寒。男孩子愈来愈凸显的叛逆行为并不是突然出现的，是在父母长期的不当教养中日积月累而形成的。主要问题便是重养轻教，好吃的好喝的好玩的无条件满足，而在教育上却得过且过，溺爱，轻于管教，或者用简单粗暴的方式进行管教。在这种情况下长大的孩子，容易叛逆。

男孩子在8岁左右其实就已经有了偶像意识，也有了基本的争辩意识。如果父母不能成为孩子眼中的偶像，在孩子眼中没有威信，非常强硬地要求孩子去做一些事情，孩子做不到便说教式地教育或者责骂，孩子自然听不进去，而且还会争辩顶嘴。甚至会有这种情况：你越是让孩子做这个，孩子越是不做，故意惹父母生气。

了解孩子产生叛逆心理的原因，我们就可以根据原因找到一些解决问题或正确引导孩子的方法。

男孩成长导图

第二，要求孩子要有理有据。望子成龙是每个父母的愿望，但在要求孩子的时候要有理有据，如果要求孩子的事情是父母已经做到的事情，可以以自己为榜样，鼓励孩子；反之，可以摆事实讲道理，鼓励孩子如果能够做到就会比父母更优秀，就能够超越父母。

第三，少批评，多沟通。男孩子的叛逆程度往往是在父母不断批评中加重的。对于青春期的孩子，已经有了较为成熟的思维，你越是批评孩子，孩子有可能越是不听，即使你说的是正确的，男孩子也不愿意听从，原因就是你的频繁批评让孩子产生了逆反心理。对此，我们要转变观念，给孩子尊重，多一些耐心，抱着心平气和的心态去沟通，这样既能拉近与孩子的距离，又有利于与孩子深入沟通。

精要分享

青少年心理状态的不稳定、认知结构的不完备性、生理成熟与心理发展的不同步性、对社会和家庭叛逆及依赖的冲突、成就感与挫折感的交替等，使他们的焦虑情绪较重。

孩子与社会家庭的叛逆冲突是导致孩子产生焦虑情绪的原因之一，也是孩子产生心理问题的开始。父母切不可轻视男孩子的叛逆行为，切不可与男孩子的叛逆行为针锋相对。应该运用正确的方法引导，避免孩子产生叛逆心理，才能最大程度地保障青春期男孩子的健康心理。

附 0-7岁：了解幼儿认知成长特点，父母要做合格的引导人

0-7岁的男孩是让父母最操心的时期，当然，也是男孩心理发展的关键期，为此，了解0-7岁男孩的心理特点，有助于我们进行正确的培养和引导。

年龄	特点
0-3个月	与母亲建立良好关系基础及语言发育启蒙期
3-6个月	情绪产生期，认生行为出现
6-9个月	开始喜欢玩耍，且时间加长，情绪逐渐稳定
9个月—1岁	开始站立、牙牙学语
1-2岁	对妈妈的依赖感越来越强
2-3岁	开始表现出反抗等情绪
3-4岁	开始主动结交好朋友
4-5岁	行为更加活跃，出现打架、恶作剧等行为
5-6岁	能够使用语言较为充分地表达自己的思想
6-7岁	情绪变得更复杂

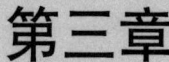

男孩习惯成长导图

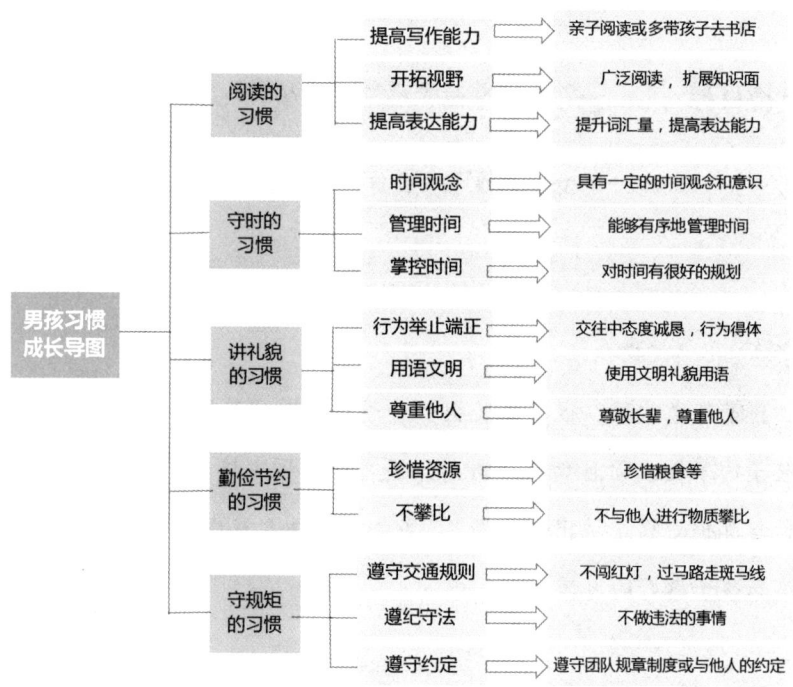

男孩习惯成长导图	阅读的习惯	提高写作能力 → 亲子阅读或多带孩子去书店
		开拓视野 → 广泛阅读，扩展知识面
		提高表达能力 → 提升词汇量，提高表达能力
	守时的习惯	时间观念 → 具有一定的时间观念和意识
		管理时间 → 能够有序地管理时间
		掌控时间 → 对时间有很好的规划
	讲礼貌的习惯	行为举止端正 → 交往中态度诚恳，行为得体
		用语文明 → 使用文明礼貌用语
		尊重他人 → 尊敬长辈，尊重他人
	勤俭节约的习惯	珍惜资源 → 珍惜粮食等
		不攀比 → 不与他人进行物质攀比
	守规矩的习惯	遵守交通规则 → 不闯红灯，过马路走斑马线
		遵纪守法 → 不做违法的事情
		遵守约定 → 遵守团队规章制度或与他人的约定

男孩成长导图

在亲子游戏中，培养孩子良好的习惯

成长目标
1. 在玩耍中培养规则习惯。
2. 养成收拾整理玩具的习惯。
3. 在游戏中养成其他良好习惯。

 开篇导读

孩子都喜欢玩？很多家长担心孩子在玩中"荒废"，其实，喜欢玩是孩子的本性，而且如果玩得对，还可以在玩中培养孩子良好的习惯。父母与其担心孩子玩出"问题"，不如主动加入其中，在与孩子一起玩中培养孩子良好的习惯。

故事赏析

小伍上小学一年级，聪明可爱，是一位人见人爱的小男孩。可是有一件事情却让妈妈很担心，每次妈妈给小伍布置作业，小伍总是会用很长时间才能做完，有时候甚至要拖到第二天才做完。这种拖延的坏习惯让妈妈担心会对他以后考试升学不利。

一天，妈妈的一位同学分享了一个用亲子游戏培养孩子守时的方法，抱着试试看的态度妈妈进行了尝试。

这天，妈妈像往常一样给小伍布置了家庭作业，并对小伍说："我们来玩一个游戏，妈妈去做饭，你写作业，我们比赛看谁先完成，谁输了谁就要拖地，怎么样啊？"

小伍一听玩游戏，立马来了兴致，高兴地答应了。

于是，小伍在客厅写作业，妈妈在厨房开始做饭，妈妈一边做饭一边掐算着时间，希望小伍能够在半小时内完成今天的作业。15分钟过去了，妈妈提醒道："我的饭已经完成一半了哦！"又过了10分钟，妈妈再次提醒："还有5分钟我的饭就做好了哦！"

就这样，在妈妈的一次次提醒下，小伍尽管输了，但明显比原先速度快了很多，还欣然接受了惩罚，去拖地。拖地的时候兴致勃勃地说："妈妈，我们明天再比一次，我肯定能赢。"

妈妈说："我们一起分析一下你输的原因吧，这样明天你才能赢我呀！"经过妈妈的分析，小伍知道自己输的主要原因是在一些不会的题目上耗费了太多时间。妈妈告诉小伍，以后遇到这种情况，可以先写容易的，不会的最后再思考，这样就会快很多。

……

这是一个聪明的妈妈，她用有趣的方法逐渐改变着儿子的拖延习惯，培养孩子良好的学习习惯。

其实，亲子游戏已经流行了很多年，很多时候只是被用来增进父母与孩子之间的感情，如果我们用亲子游戏来培养孩子良好的习惯一定能够取得良好效果。

养育方法

不同的游戏可以培养孩子不同的习惯，当然也可以针对某一种习惯采用不同的亲子游戏去培养。下面我们来列举几个可以运用大多数游戏来培养的习惯。

第一，规则习惯。不管是生活中还是工作中，都离不开规则。讲规则守规则是社会人的基本属性。而大多数游戏有一个共同的特点，那就是规则，没有规则，游戏就失去了意义。我们可以以此作为培养孩子守规则的切入点，培养孩子守规则讲规则的良好习惯。

第二，自己的事情自己做的习惯。孩子小时候接触的最多的东西是什么？当然是玩具，一些亲子游戏中自然也少不了玩具。那么，在游戏结束后收拾玩具对培养孩子良好习惯，是非常重要的一个环节。引导孩子收拾整理玩具，可以培养孩子自己的事情自己做的习惯。

第三，在亲子游戏中培养孩子其他良好的习惯。培养孩子喜欢运动的习惯，比如小兔赛跑、衔杯运水、跳格子、捡沙包等游戏；培养孩子良好的生活习惯，比如过家家、假期计划等游戏。总之，亲子游戏很多，只要有助于培养孩子良好习惯的游戏，我们都可以拿来使用。

了解亲子游戏的特点

1	能够启发孩子的智慧。这就要求游戏活动既能够利用和发挥孩子现有的能力，又能够引导和发展他们新的能力。
2	家长要和孩子平等地参与到游戏当中。做亲子游戏不是上课，家长不能高高在上、指手划脚，而应当是游戏的参与者，并且应跟孩子处于平等的地位。

续表

3	注重配合。游戏的形式应该注重相互配合，家长能自然而然地引导孩子。设计的游戏应让宝宝主动寻求家长的配合，这样家长就能顺理成章地教给宝宝一些知识和技巧。
4	注重乐趣。游戏的整个过程要能够给孩子和家长双方都带来乐趣。要让孩子在游戏中体会到创造和成功的快乐，而家长则能够体会到亲子交流的幸福。只有特定的亲子游戏才适合进行比赛，家长应学会更多的游戏，并将具有特定功能的亲子游戏同日常的育儿生活相互交融起来，这样就可以在丰富而快乐的育儿生活中，使宝宝的潜能不断地被开发出来。

精要分享

俗话说："好习惯难养，坏习惯难改。"而一个好的习惯会对孩子的成长产生至关重要的作用。游戏的形式、用什么道具不重要，关键在于创意和针对性。有教育学家曾说过：你没必要花大钱购买昂贵的玩具，但要设法让孩子充分发挥他的想象力，即使周围除了纸板盒、羊毛毯、枕头和衣服之外没有其他东西，也没关系。

亲子游戏不仅是享受天伦之乐，更应该成为孩子良好习惯的培养工具。

男孩成长导图

人人都喜欢有礼貌的男孩子

成长目标
1. 理解文明礼貌的重要性。
2. 养成使用礼貌用语的习惯。
3. 养成举止文明的习惯。

开篇导读

中国是礼仪之邦，战国时期著名的思想家、政治家、教育家孟子曾说过："君子以仁存心，以礼存心。仁者爱人，有礼者敬人。爱人者人恒爱之，敬人者人恒敬之。"

懂礼貌讲文明是中华民族的传统美德，一个时刻讲文明礼貌的人一定是受人尊敬的。

故事赏析

记得在一次教育公开课上，有人给我分享了这样一个故事：有个小男孩名叫小钟，由于父母忙于工作，小钟从小跟着爷爷奶奶生活，而爷爷奶奶对小钟十分溺爱，过分保护，使得小钟言行举止十分随意。

在小钟六岁的时候,他拿着奶奶给的钱独自去超市买东西,进门就说:"喂,我要一瓶饮料。"超市老板看了一眼小钟,有些不高兴地将饮料递给了小钟。

妈妈已下班在厨房做饭,小钟还没到门口就大声喊道:"喂,快来给我开门!"奶奶跑过来打开门,他又对着奶奶说:"喂,给我拿一双拖鞋!"

妈妈在厨房听到小钟越来越没有礼貌,走出来说:"这么大了怎么就不知道喊奶奶呢,好吧,既然你这么喜欢说'喂',那我以后就叫你'小喂'吧!"

小钟不高兴地说:"你们不能叫我'小喂',这多难听啊!"

妈妈说:"那你喊别人'喂'的时候别人就不觉得难听吗?"

小钟不说话了……

礼貌是构建良好人际关系的基础,文明礼貌的言行能够让人际交往更加顺畅。而男孩子在小的时候并不会意识到这一点,很多孩子六七岁了依然在长辈的溺爱下不懂得文明礼貌的重要性。对于孩子的成长来说,文明礼貌的习惯越早培养越好。那么作为父母,首先我们要让孩子理解文明礼貌的重要性,而后采用正确的方法及早培养引导。

```
┌──────────┐      ┌──────────┐      ┌──────────┐
│ 礼貌的语言 │      │ 礼貌的行为 │      │ 良好的社交 │
└──────────┘      └──────────┘      └──────────┘
                       │
               ┌───────────────┐
               │  文明礼貌的习惯  │
               └───────────────┘
```

养育方法 》

第一,向孩子灌输文明礼貌的意识。在培养男孩子的礼貌习惯之前,灌输文明礼貌在生活中、社会中的重要性。只有让孩子认识到文明礼貌的重要性,孩子才会认真地去做、去学!

第二,以身作则,树立榜样。要想让孩子养成文明礼貌的习惯,父母长辈首先要做一个讲礼貌的人,尤其是在孩子面前要特别注意自己的言行。

第三,积极引导。父母要主动引导孩子,比如父母的朋友来家里做客,父母要提醒孩子主动打招呼,如果孩子不知道如何称呼,父母

要明确告诉孩子，比如："这是你的王叔叔，喊王叔叔。"同时要给孩子讲关于礼貌用语的知识，对于孩子不礼貌的言行要及时制止，并说明原因。

第四，将礼貌贯穿到生活细节中。 比如吃饭时要等长辈坐下先动筷子后才可以吃饭；客人来时要给客人让座；借别人东西时，征得别人的同意后才可以拿走；在朋友家玩时不乱翻别人的东西；懂得使用"谢谢""对不起""没关系"等礼貌用语。

精要分享

文明礼仪教育是培养学生良好行为习惯和提高思想道德素质的重要途径，是推进素质教育的重要环节。加强中小学文明礼仪教育，既是弘扬中华民族传统美德的需要，也是培养社会主义合格公民的必然要求。

显然，文明礼貌的习惯对于成长期的孩子来说至关重要，关系到个人素养、人际关系等很多方面，在培养中，要从细节入手，根据孩子的年龄和掌握程度逐层递进。

男孩成长导图

书香作伴，男孩要有阅读的习惯

成长目标
1. 构建浓厚的阅读兴趣。
2. 能够表达出阅读感受。
3. 养成每天读书的好习惯。

开篇导读

美国著名的童话作家荷姆斯说过："阅读，就像乘着作者的翅膀一道飞翔，看到从来没有看到过的风景，体验从未有过的自由。"阅读能够开拓孩子视野，更是孩子增长知识的主要途径。

从小培养男孩阅读的好习惯，在学生时代，有助于其学习的进步。

故事赏析

分享一个朋友的故事：他家男孩今年上四年级，可能因为夫妻两人职业都是老师，在孩子很小的时候他们就开始培养孩子阅读的习惯，并做了长期规划。

在孩子上小学之前，他们就开始让孩子接触大量的儿童读物，让他看图识字,提升识字量;一年级的时候以双语读物为主,即拼音和汉字;二年级的时候主要阅读不带拼音的书籍;在三年级的时候,孩子有一次和父母去博物馆,对历史产生了浓厚兴趣,开始饶有兴趣地阅读历史类书籍。

在四年级的时候,他还以绘画的形式自己制作了中国历史发展脉络图,并在班级成果展示中讲给其他孩子听。慢慢地孩子对中国历史的了解越来越多,有时候还讲给父母听。

这个男孩子在班级中是非常受老师和同学喜欢的学生,他的优秀便来自于良好的阅读习惯。

是什么让他养成了良好的阅读习惯呢?除了父母的刻意引导培养,其最大的原因便是兴趣,阅读可以让他了解更多的历史知识。

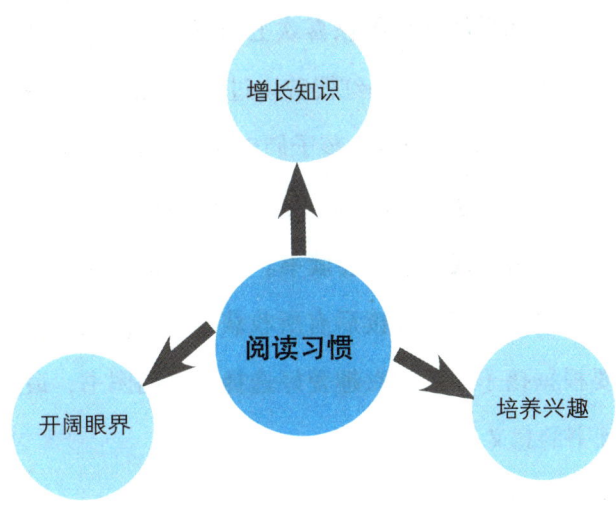

养育方法

第一，营造良好的阅读环境。首先，父母要起到榜样引导的作用。如果只是一味地要求孩子读书，而自己每天一下班回到家便开始玩手机，这很难培养起孩子的阅读习惯。良好的教育中榜样的作用非常重要。父母喜欢读书，养成了每天读书的习惯，再去引导孩子读书，会更加容易和顺理成章。

第二，培养兴趣并坚持下来。男孩有了一定的阅读兴趣后，不能认为孩子的阅读习惯已经养成，因为男孩在成长的过程中会面对很多的诱惑，阅读兴趣非常容易转移。所以，我们不但要培养孩子的阅读兴趣，更要采取必要的措施让孩子坚持下去。

第三，经常带孩子去图书馆。现在的图书做得越来越精致，越来越多元化，比如立体书、有声书等，所以你会发现，图书馆是一个非常好玩的地方。如果能够让男孩喜欢上图书馆，也就是把男孩带到了知识的海洋，儿童文学作家杨红樱曾说过："图书馆是个好地方，是个使人终身受益的地方。不要老让孩子们坐在教室里，带他们到图书馆去吧！他们一生都会感谢这个带他们走进图书馆的人。"

第四，爱读书、读好书、会读书。爱读书即兴趣习惯，读好书即选择优秀的书籍，会读书即读后有所收获。首先要培养孩子读书的习惯，其次要根据孩子年龄和兴趣爱好选择适合的图书，最后要有读后感，这是读书的意义。

精要分享

静下心来读书，它会一点一滴地滋养你，将知识变成成长的养分。

读书能使人较虚心，较通达，不固陋，不偏执。

脚步丈量不到的地方，文字可以。

你的气质里，藏着你走过的路，读过的书。

迷茫时，书会为你点亮一盏灯，明白世界，看清自己。

别抱怨读书苦，那是你去看世界的路。

阅读，犹如奇妙的旅行，总能带给我们丰富的体验。

你在读书上花的任何时间，都会在某个时刻给你回报。

很多不必要的烦恼，因为读书太少想得太多。

我国著名教育学者顾明远曾说："不重视儿童阅读，是早期教育中最糟糕的行为之一，从小形成的阅读差别，才是日后重要的'输赢'差别。"

男孩成长导图

时时讲规矩，树立规则意识

成长目标
1. 明白什么是规则。
2. 了解规则的意义。
3. 养成讲规则的习惯。

开篇导读

无规矩不成方圆，这是老祖宗留给我们的智慧，无论是古代还是现代，我们的生活中总是充满着规矩，即便是未来，世界也将是由众多的规矩组成的。正是这些规矩塑造了社会的文明、和谐、有序。也就是说，规矩是社会的必备要素。

男孩子从小要培养讲规矩的习惯，树立规则意识，知道凡事有所为有所不为，知道规则的重要性，这样，男孩才能在成长的道路上走得更加顺畅。

第三章 男孩习惯成长导图

故事赏析

我们来分享一个让人胆战心惊的故事。

故事发生在地铁站,这日,一位女士带着一个六七岁的男孩准备乘坐地铁,大家都在站台等待地铁。小男孩上蹿下跳,东跑西跑,非常调皮,孩子的妈妈显然已经习以为常,对孩子在地铁站的行为并没有约束。

小男孩看到椅子上坐着一个小姐姐在吃冰激凌,便对妈妈说:"妈妈,我也要吃冰激凌!"

没想到妈妈说:"这里哪有冰激凌,你去跟姐姐要,看她会不会给你!"不知道妈妈说的是气话还是想让男孩知难而退。结果小男孩真的跑到小姐姐面前,伸出手说:"我也要吃!"

小姐姐看了一眼小男孩,并没有理会。

因为没有要到小姐姐手里的冰激凌,小男孩开始哭闹,也不知道是男孩妈妈心里有点烦还是别的原因,她一边教训哭闹的男孩,一边指责小姐姐。

这时,广播提示地铁列车快要到站了,小姐姐站起身走向警戒线。就在列车进站的一瞬间,惊险的一幕出现了,小男孩突然跑到小姐姐身边推她。幸好小姐姐身边的一位男士拉住了她,否则,就会酿成大祸。

为什么小男孩会做出这种行为呢?

归根结底,是因为小男孩没有规则意识,更没有讲规矩的习惯。所以,对于男孩规矩习惯的培养,应该从小抓起,而且越早越好。

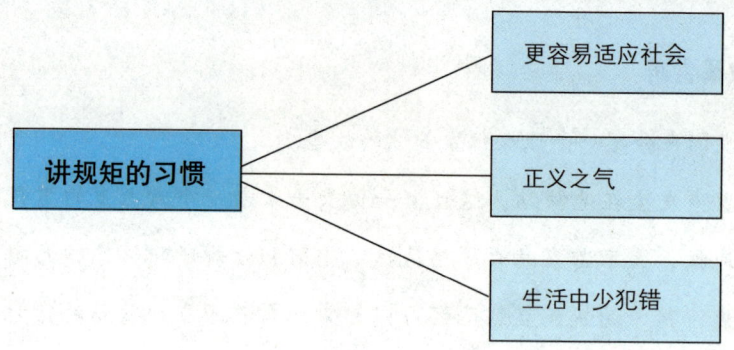

养育方法

第一，循序渐进，从小树立规则意识。比如我们熟悉的过马路要"红灯停绿灯行"、坐公交车先下后上等，让男孩了解规则、熟悉规则并遵守规则。

第二，违反规则及时纠正并适度惩罚。如果孩子违反了规则，父母一定要第一时间进行纠正，并说明原因，为什么不能这样做；还有非常重要的一点要进行适度惩罚，别舍不得惩罚，现在不惩罚，将来走上社会就会受到社会的惩罚。

第三，坚守原则，明确要求。有些孩子即使在父母的要求下，也会多次犯同一个错误，而且犯错之后还意识不到自己的错误。这是因为父母对孩子的要求太过宽松，或者要求不明确。比如父母要求孩子不能在公共场所随意扔垃圾，而没有说明哪些地方是公共场所；比如孩子违反了规则，父母觉得孩子第一次犯错，可以原谅，没有放在心上。这些都会影响孩子对规则意识的认识和讲规则习惯的养成，对此，在培养孩子讲规则习惯方面，务必坚守原则，不可妥协。

精要分享

有规矩的自由叫作活泼；没有规矩的自由叫作放肆；不放肆叫作规矩，不活泼叫作呆板。有些家长一定会认为，处处讲规矩会束缚孩子活泼的天性，会影响孩子的性格，其实，没有规矩的自由才是影响孩子未来发展的最大障碍。

男孩成长导图

善于反省的男孩更易成功

成长目标
1. 理解反思的力量。
2. 掌握反思的方法。
3. 养成反思的习惯。

 开篇导读

《论语》说:"自省吾身,常思己过,善修其身。"一个具有反思习惯的人,一定是一个在生活工作中永远不会迷失方向的人。反省是一种能力,是一个人走向成功的方法,更是一种习惯。

人非圣贤,孰能无过,知错能改,善莫大焉。男孩在成长的过程中,一定会或多或少地犯一些错误。犯错误不可怕,可怕的是认识不到自己的错误,从而在错误的道路上愈走愈远,这是非常可悲的事情。

故事赏析

据民间流传,中国现代思想家、文学家、哲学家胡适的优秀离不开母亲对其反省能力的培养。

据说胡适在四岁的时候便失去了父亲,他的母亲名叫冯顺弟。受丈夫的影响,冯顺弟对儒家学说颇有了解,深知反省对一个人成长的重要性,所以,在教育胡适的时候,她特别注重培养胡适的反省意识。

丈夫曾给冯顺弟讲过曾子的名言:"吾日三省吾身,为人谋而不忠乎,与朋友交而不信乎,传不习乎。"她对这句话记忆深刻,也理解得很透彻,经常用来勉励胡适。每天晚上睡觉前,她会把胡适叫到自己的床前,让胡适"三省吾身":今天做错了什么事,说错了什么话,原因是什么,该做的事是否做完等。

在冯顺弟的培养教育下,胡适明白了母亲的良苦用心,懂得了自省的意义和重要性,并逐渐养成了每日自省的习惯。

胡适的优秀离不开母亲冯顺弟严格的培养,更离不开胡适每日自省的习惯,因为一个人在自省中会清楚地发现自己的不足,从而加以完善,循环往复,久而久之,胡适的优秀不言而喻。

有家长担心,如果整天让孩子自省,会不会让孩子失去自信,会不会打击孩子的积极性?会,当然会,所以,我们应该在不同的年龄段进行不同的自省训练。

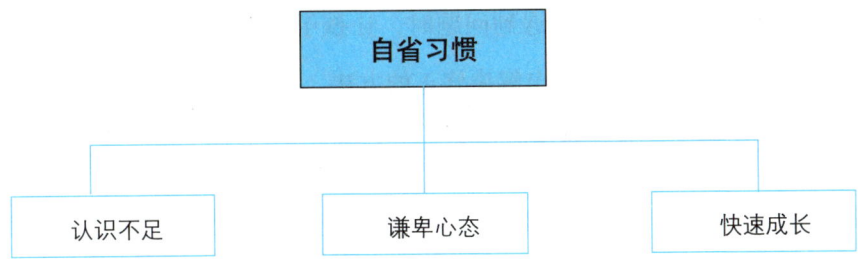

养育方法

第一，**自省强度随年龄而变**。如上所说，如果你对一个3岁的男孩培养其自省意识，势必会打击孩子的自信。对此，自省意识和习惯的培养要因年龄而异。6岁之前的男孩，一个星期可进行1到2次的自省训练，比如可以问孩子"这两天有没有做错事啊""为什么会做错啊"等，引导孩子理解自省的好处。7至14岁的时候，一个星期可进行3到4次的自省训练，且深度要加强，引导孩子认识自省的意义。14岁以上，需养成习惯，每天进行一次自省，可以自省当日的作业、生活各个方面。

第二，**自省要有结果**。自省是一种思维，而真正能够起作用的是自省后的行为。所以，自省不能流于形式，一定要有一个结果，在自省之后能够取长补短。

第三，**引导自省**。孩子在犯错之后，不要第一时间责骂孩子，首先，我们应心平气和地引导孩子自己去认识错误，寻找弥补或解决的方法；其次，要让孩子自己承担错误。

第四，**引导孩子学会总结经验和教训**。自省的重要内容是分析、总结、修正、成长。当孩子遇到问题时，让孩子自己去分析总结，最好能够记录在本子上，并提出解决修正的方法。以此来养成反思的习惯，长此以往，孩子一定会越来越优秀。

精要分享

"人非圣贤，孰能无过，知错能改，善莫大焉。"

人总会犯错，这没有什么可怕的，只要能够认识到自己的错误，并进行改正，便是优秀的。男孩子性格通常比较外向，小的时候惹是生非在所难免，大了遇到的挫折困难更是少不了，但只要男孩有自省的能力和习惯，那么，一切问题都会迎刃而解。

附　8-14岁：一切天资，都不如习惯有力

人生幸福在于良好习惯的养成，从小养成良好习惯，优良素质便犹如天性一样坚不可摧。

联系到现实生活，有人因为不良嗜好过得浑浑噩噩甚至倾家荡产；有人因为脱贫有道致富有方，生活过得越来越好。可以说，好的习惯是一个人无形的资本，无论是工作还是生活总能够事半功倍，而坏的习惯会成为一个人一生的债务，总也还不完。

有一位高校教授获得了国际大奖，颁完奖接受记者采访时，有记者问："您在哪所大学或者说哪个实验室学到了您认为最重要的东西？"

教授说："在幼儿园。"

记者惊讶地问："在幼儿园您能学到什么呢？"

教授骄傲地说："在幼儿园我学到了不是自己的东西不能要、东西要摆放整齐、做错事要道歉……"

教授的回答充分说明了习惯对一个人深远的影响。男孩在8岁至14岁的时候，很多习惯已经基本形成，这个时期父母需要对孩子的习惯进行一次审视和梳理，哪些好习惯已经养成，哪些还没有养成，哪些是坏习惯，哪些是需要引导的习惯。对于已养成的好习惯要深入培养，对于一些坏习惯要及时改正。

这个工作最好能够做一个计划，在计划内完成。要知道，男孩好习惯的养成，年龄越大越难培养。

培根在文章《论习惯》中说："一切天性与诺言都不如习惯更有力。我们常听到有人起誓说以后要做什么，或者不再做什么；而结果却是从前做些什么，后来依然做什么。在这一点上，也许只有宗教狂热的力量才可与之相抵。除此之外，几乎一切都难以战胜习惯，以至一个人尽可以诅咒、发誓、保证——到头来还是难以改变一种习惯。……习惯真是一种顽强而巨大的力量，它可以主宰人生。因此，人自幼就应该通过完美的教育，去建立一种好的习惯。"

相信习惯的力量，重视孩子好习惯的养成，这是男孩一生的资本。

第四章

男孩性格成长导图

- 男孩性格成长导图
  - 积极的态度
    - 执行力强 → 做事雷厉风行
    - 诚信有担当 → 敢于承担责任
    - 认真负责 → 做事认真且负责
  - 坚强的意志
    - 坚韧不拔 → 不轻易放弃
    - 果断勇敢 → 不惹事也不怕事
    - 独立自主 → 自理能力强
  - 乐观的情绪
    - 宽容进取 → 能够宽容地看待某些事情
    - 情绪自控 → 善于调控消极情绪
    - 自信自律 → 保持自信的情绪和自律的心态
  - 长远的眼光
    - 主动合作 → 善于合作
    - 谨慎，有规划 → 谨言慎行，善于规划
    - 经常自省 → 能够认识不足，取长补短

男孩成长导图

你的情绪决定男孩的性格

成长目标

1. 明白父母情绪对男孩性格的影响。

2. 认识与孩子正确沟通的重要性。

 开篇导读

作为父母,你吼过孩子吗?打骂过孩子吗?

我相信大多数父母都曾有过这样的行为,甚至每天都在周而复始地发生着。比如你非常认真地给儿子讲解作业,儿子却无论如何都听不懂,情急之下便吼叫起来。可是,你是否知道?类似的吼叫或者打骂教育对孩子性格的形成会造成很大的影响,甚至产生不可挽回的严重后果。

故事赏析

有一年过年回老家,在家里待着没啥事便去朋友家里玩牌。朋友和我年龄相仿,有一个四岁的男孩,媳妇是本地人,生活过得也算惬意。

就在我们正玩得高兴时,突然听到他媳妇吼孩子,还听到用脚踢孩子屁股的声音。我急忙停下打牌的动作,说:"咋回事啊,我下去看看吧。"

他说:"没事儿,不怕你见笑,这是经常的事儿,小孩子不听话就得管管,接着打牌。"

我说:"小孩子不听话是得管,可是经常这样打骂可能会影响孩子的性格啊!"

他说:"农村的孩子哪有那么多讲究,没事,赶紧打牌吧……"

过了三年,又去他们家里玩,他们的孩子已经七岁,上小学一年级了。

由于多年未见,我准备给孩子一些压岁钱,我将孩子叫到身边拿出红包给他时,他却非常腼腆地低下了头,无论我说什么他都不抬头看我。无奈我将红包装进他的口袋,问了他一些问题,想拉近与孩子之间的距离。可是,男孩始终不抬头也不说话。

我的朋友看此情景说:"这孩子从小就胆小,也不知道随谁……"

这是一个真实的故事,这个男孩的性格不是随谁,而是父母的教育方式造成的。男孩从小经常被吼叫责骂,导致了性格的缺陷,变得胆小、懦弱甚至有些自闭。

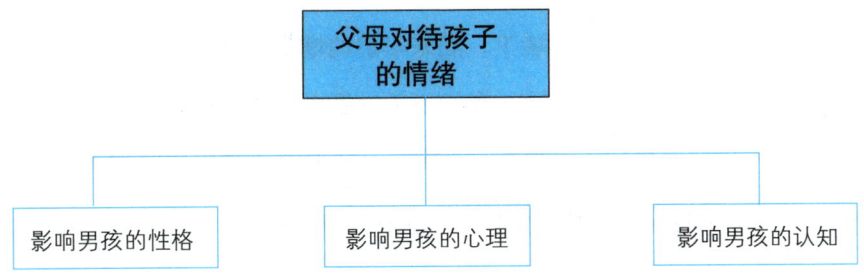

养育方法》

每个人都有冲动的时候,但作为父母,在孩子性格形成期,我们要控制自己的情绪,避免对孩子性格发展造成不好的影响。

第一,在孩子犯错后,不要急于责骂孩子,谁都有犯错的时候,何况是孩子。首先了解孩子犯错的原因,引导孩子认识到自己的错误,以讲道理的方式进行教育要优于暴躁情绪的发泄。

第二,忍无可忍时,找对方法发泄。作为父母,总是压抑自己的情绪也不是办法,也会感到郁闷,可以采用别的方式缓解,而不是发泄在孩子身上。比如打拳、唱歌、购物等都是成年人发泄情绪的方式。

第三,教育男孩绝不动手。打孩子是最原始的一种教育方式,也是最无效的一种教育方式。很多时候,即使你打他,他也不一定会听话,还可能会产生怨恨心理,继而发展为叛逆少年。

精要分享

父母在教育男孩的过程中,消极的情绪会给男孩一种压迫感,如果男孩长期处于这种环境,性格往往会走向两个极端:一种是懦弱、胆小,如案例中我那位朋友的儿子。原因是长期被打骂;另一种是叛逆、暴力。在被消极情绪长期压迫的环境下,随着年龄的增长会产生怨恨,继而与父母作对,到达一定年纪后,暴力倾向会愈加凸显。

所以,在男孩小的时候,尤其是性格形成时期,父母教育孩子的情绪决定了男孩将来的性格。

男子汉要坚强,男儿有泪不轻弹

成长目标

1. 坚定"我是男孩子,我要坚强"的观念。

2. 去除爱哭的问题。

男孩就应该有男子汉的气质,有不服输不认输的气魄。可是当下,在一些奶油男生的影响下,让一些男孩对男子汉阳刚之气的理解出现了偏差,甚至影响着父母的观念,认为男孩向"小鲜肉"看齐就能够出人头地。这种观念是错误的,因为男孩缺乏阳刚之气便缺了男人最大的魅力。

故事赏析

记得我在上初中的时候,班里有一个男同学,行为举止和女孩子一模一样;平时在教室里也很少说话,被老师提问会脸红,同学和他开玩笑也会脸红,说话更是轻声细语。因此,他几乎没有什么好朋友。

男孩成长导图

按理说，这样的男孩不惹是生非，听话，是老师最放心的学生。然而，事实却是他当时是我们班主任最操心的学生。

因为性格有点"娘"，总是被一些调皮捣蛋的男孩子欺负，甚至一些"假小子"也会嘲讽他，这使得老师不得不对他格外照顾。

初中毕业后，他没有读高中而是去城市里打工了。由于学历不高，再加上懦弱的性格，很难找到好的工作。后来听说他在深圳一家电子厂做"普工"。

我虽然和这位同学不熟，但他给我的印象很深。有时候，我会对他产生怜悯之情，怜悯他的懦弱性格以及因此而遭遇的一些不公之事。造成这样的性格不是他的错，是从小培养教育他的人的责任。据说他们家姐弟四个，三个姐姐，就他一个是男孩。父母因为重男轻女的思想较为严重，从小父母就非常偏爱他，为防止他走丢，不允许他出去玩耍，并叮嘱姐姐们一定要守护好他，所以，他从小便和三个姐姐形影不离。我想，这应该是造成他缺乏阳刚之气的主要原因吧。

事实证明，男孩是否具有阳刚之气，与父母的家庭教育有很大的关系。优秀的家庭教育，是培养男孩坚强的品质，以便于男孩未来在社会上更好地立足。那么，我们该如何培养男孩的坚强的品质呢？

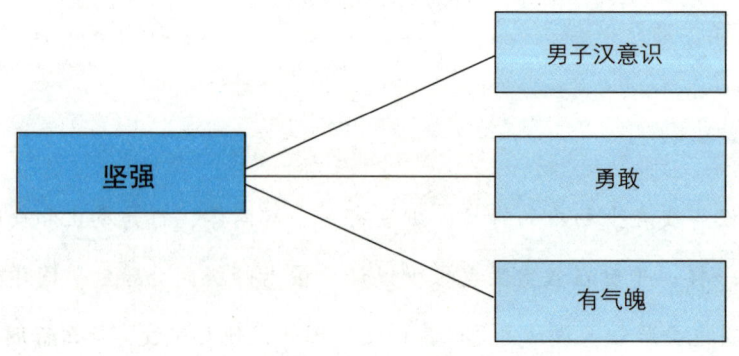

养育方法

第一，从日常生活中的琐事做起。男孩在 4 岁左右的时候就有了性别意识，会表现出好动、胆子大等。这个时候，我们可以通过一些小事把男孩身上天生所具备的坚强品质稳定下来。比如男孩在哭的时候，我们可以说"你是男子汉，不能轻易哭"！当男孩遇到小问题求助的时候，我们可以说"你是男子汉，要学会自己解决问题"等，不断灌输男孩要坚强的思想。

第二，鼓励引导男孩多参加团队活动。团队活动有利于培养男孩子的坚强品质，同时能够提高男孩的身体素质。比如足球、篮球比赛等。

男孩成长导图

第三，根据男孩的特性针对性培养。有些男孩不喜欢运动，文质彬彬；有些男孩性格外向，好动。对于前者，我们可以通过书籍、影视剧等方式培养其坚强的意识。

第四，父亲的陪伴必不可少。男孩在14岁之前是模仿能力最强的时候，所谓"近朱者赤，近墨者黑"。如果是妈妈一个人陪伴带大的孩子容易出现两个极端：一种是"妈宝男"，另外一种胆怯、懦弱；此外，如果母亲很强势的话，容易让青春期的男孩更加叛逆。所以，爸爸的陪伴对于男孩坚强性格的养成尤为重要。

精要分享

有一本书叫《父亲的力量》，其中写道："养男孩要带些'毛茬儿'，任他们登高爬梯，滚一身泥，允许他们犯错误，让孩子保持'精神上的饥渴感'很重要。"对于男孩来说，在生活中我们可以粗糙一些，没有必要"锦衣玉食"地去养育；而在情感上需要细腻一些。

勇敢些，不惹事但也不怕事

成长目标
1. 勇敢冷静地面对陌生人。
2. 理解勇敢与冒险的区别。
3. 能够在公共场合大方地表达。

开篇导读

男孩子就应该有男孩子的样子，而男孩子样子的主要元素便是勇敢。勇敢可以充分彰显男孩的阳刚之气；勇敢可以让男孩变得更有魅力；勇敢可以让男孩变得坚强无畏；勇敢可以让男孩更加坚定……

故事赏析

四岁的小男孩凡凡非常胆小，爸爸的朋友来家里做客，他总是躲起来，很腼腆，父亲看在眼里，急在心里。

这天父亲带着凡凡去商场玩，在经过一个玩具柜台时，凡凡拉住爸爸的手说："我想要一个玩具坦克，你给我买一个吧，我们隔壁的洋洋都有！"

男孩成长导图

父亲想，机会来了，不如今天就锻炼一下孩子的勇气吧。

父亲说："可以啊，不过你要自己去问阿姨多少钱，回来你告诉我，我再给你买！"

凡凡说："我不去，你去嘛……"

父亲非常严肃地说："给你5分钟时间，如果你向阿姨问清楚了价格就给你买，否则咱们就回家。"

凡凡只好鼓起勇气，走到卖玩具的柜台前，指着玩具坦克车吞吞吐吐地问："阿姨，这个多少钱？"

售货员热情地回答："这个50块钱哦！"

凡凡跑到爸爸面前说出了价格，当然，父亲也兑现了承诺。

自这件事后，凡凡面对陌生人也慢慢地可以大胆地交流，不再躲躲闪闪了。

勇敢是锻炼出来的，想做的事情不敢做，永远只能生活在前怕狼后怕虎的顾虑当中，鼓励培养孩子勇敢地表达，勇敢地去决定，父母只需引导孩子开个好头，勇敢的性格便会生根发芽。

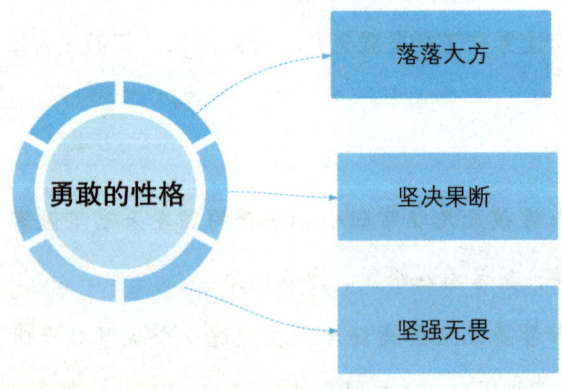

养育方法

第一，给孩子自由。在陪伴男孩成长的路上，不要做一个事事都包办的"保姆"，也不要事事都替男孩做选择，这样做可能会让男孩与勇敢无缘。给孩子更多自由发挥的机会，让孩子自己去思考、选择、尝试，父母只需做好纠偏工作即可。

第二，不要嘲笑孩子。勇气往往是被嘲笑和讽刺击败的，尤其是儿童，心灵较为脆弱，在尝试做某一件事情的过程中，一旦被嘲笑，他就不会第二次去尝试。所以，男孩在尝试做某件事情的时候，不管做得好还是不好，都要给予鼓励，万不可责骂和嘲笑。

第三，让男孩理解冒险与勇敢的区别。冒险是一种危险行为，尤其对于小男孩来说，这种行为是不可提倡的；勇敢是拿出勇气做一件不容易的事情。表面看两者所表达的意思似乎相同，实则有很大的区别。对于小男孩来说，这两个概念万不可混淆，否则男孩可能会为了表现自己的勇敢而冒险去做一些危险的事情。

精要分享

鲁迅先生在文章《纪念刘和珍君》中有一句非常经典的语言:"真的猛士,敢于直面惨淡的人生,敢于正视淋漓的鲜血。"这句话的意思是真正勇猛的战士,即使面对惨淡的人生、淋漓的鲜血,也会毫无畏惧,奋起拼搏。笔者认为,男人应该如此。

乐观的男孩才会赢

成长目标
1. 遇到问题乐观看待。
2. 告别抱怨心理。
3. 形成乐观心态。

开篇导读

俗话说:"性格决定命运。"性格对一个人一生的发展、生活、工作具有十分重要的作用。乐观会让一个人充满希望,会带来良性积极的作用,是一种优秀的性格,它能够让孩子积极进取,自信,拥有良好的人际关系。

当生活中遇到困难、挫折、不幸、悲伤、失败、痛苦等时,具有乐观性格的人会从容面对,积极解决;而那些悲观的人,只会怨天尤人,不停抱怨,在痛苦的情绪中循环往复。

所以,从小培养男孩子的乐观性格,就是在为男孩铸造解决问题的钥匙。

男孩成长导图

故事赏析

这是发生在20世纪90年代的故事。

这个父亲是当地一家水泥厂的技术工人，技术一流，是工人们眼中的技术一哥。但他为人耿直，对于刚刚调来，技术不如他的领导很是不满，心想，为什么技术没自己强的人反而成了自己的领导？

对此，他经常在工友面前抱怨，回到家中，对四岁的儿子也是没有好脸色，抱怨不断。过了几年，由于种种原因，他下岗了，心中很是不平，对工厂的做法非常不满：为什么有些人没下岗，而他却下岗了？回到家，他开始向妻子抱怨，满腹牢骚地发泄着情绪……

渐渐地，在他的影响下，儿子也变得爱抱怨，回到家中就向父母倾诉老师的不公，同学的不友好……

就这样，儿子逐渐长大了，高中时因为学习不好就辍学了，随后做了几份工作都不如意，不是和老板吵架就是与同事吵架，似乎全世界都对不起他。后来，这个男孩干脆不去上班，当起了啃老族。

这位男孩今后的路还很长，未来会怎样，真的很难说。那么，是什么原因造成了男孩消极抱怨的性格呢？

可以看出，是受父亲的影响，因为父亲爱发牢骚的行为造成了他今天消极的性格，导致与乐观渐行渐远，与消极紧密相连。

作为父母，我们必须要重视，孩子乐观的性格决定了孩子处理问题的态度，以及未来对生活的态度。孩子的性格尚未定型，即使父母的性格有缺陷，但只要我们用对方法，完全可以让男孩的性格中充满积极乐观。

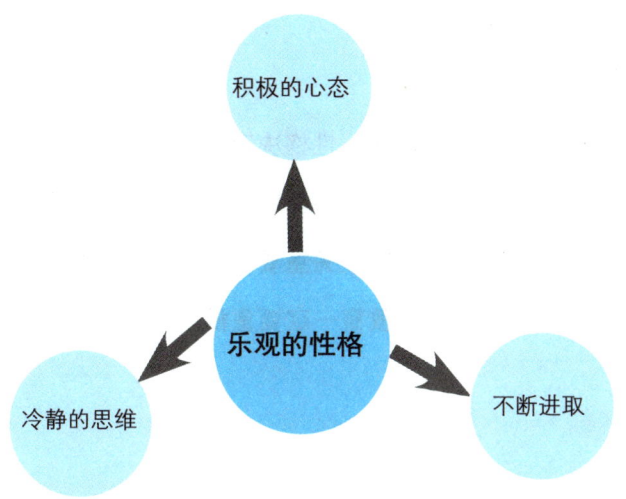

养育方法

第一，家庭环境。什么样的家庭环境会造就什么样的男孩，父母经常吵架，男孩会变得易怒、悲观；在抱怨环境下长大的孩子，会变得消极、不自信。如同以上故事中的那个男孩，甚是可悲。所以，首先父母一定要营造一个积极乐观向上的家庭氛围，让孩子从小感受到家庭的温暖和世界的美好。

第二，培养孩子广泛的兴趣。兴趣能够给男孩带来快乐，能够让男孩变得开朗，长久的快乐与开朗会塑造出乐观的性格。对此，在孩子自愿的前提下，可培养孩子广泛的兴趣爱好，以此来保持这种乐观开朗的情绪。

第三，正确引导。当然，谁都会有不开心的时候，都会有遇到挫折困难的时候。当男孩遇到类似问题时，我们要正确引导，避免男孩在悲伤难过的情绪中难以自拔。比如我们可以换个角度与孩子一起分析遇到的问题，引导孩子向好的方面思考，从而帮助孩子走出困境。

男孩成长导图

精要分享

习惯决定性格，性格决定命运。因此，早期教育塑造儿童坚强乐观的正面性格比灌输知识更为重要。家庭教育对孩子性格的形成至关重要，所以说，要想培养出男孩乐观的性格，家庭教育一定要重视。

附 8-14岁：如何面对青春前期

男孩子从 8 岁开始，就会逐渐进入青春期，尤其到了初中后，身心会发生巨变，这个时期男孩的性格可塑性大，同时也是基础定型期。

据相关资料表明，男孩在 13 岁左右时，是整个人生发育的高峰期，身高会突增，喜欢感情行事，父母要特别关注。

在这个时候，家长在教育男孩的时候要采取积极有效的方式帮助孩子度过这个特殊的青春期，具体可参考以下几个方面：

第一，尊重。尊重孩子是与孩子平等沟通的前提，也是稳固孩子情绪与孩子建立良好关系，进行有效沟通的基础。这个时期的男孩，我们可以将其当作成人看待，给孩子一定的话语权，让孩子参与到家庭的决策当中来，对于孩子优点和成绩要及时表扬肯定，对于孩子遇到的困难和挫折要给予鼓励。

第二，开放。这个时期孩子的一些行为父母可能无法理解，这是因为时代不同、环境不同，男孩感兴趣的事物会有所不同。对于孩子的这些行为，只要不危害孩子的身心健康，父母大可不必去干涉和反对。

第三，融入。要教育保护好孩子，最好的方式就是融入其中。比如孩子感兴趣的话题是什么等，然后去了解学习，这样父母在教育孩子的时候就能够融入其中，效果会更好。

第四，引导。做到以上三点后，在此基础上我们可以进行一些价值引导，比如引导孩子脱离低级趣味，改掉不好的习惯；引导孩子树立正确的人生观、价值观，加强坚定的意识和坚强的性格等。

第五章

男孩情感成长导图

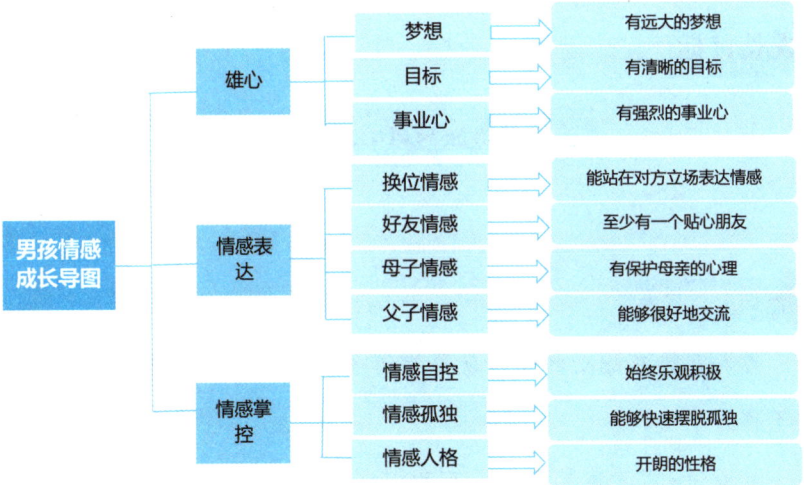

男孩情感成长导图	雄心	梦想 → 有远大的梦想
		目标 → 有清晰的目标
		事业心 → 有强烈的事业心
	情感表达	换位情感 → 能站在对方立场表达情感
		好友情感 → 至少有一个贴心朋友
		母子情感 → 有保护母亲的心理
		父子情感 → 能够很好地交流
	情感掌控	情感自控 → 始终乐观积极
		情感孤独 → 能够快速摆脱孤独
		情感人格 → 开朗的性格

用梦想打造男孩的雄心

成长目标
1. 用梦想构建男孩的雄心。
2. 保持男孩的雄心壮志。

 开篇导读

男人就要有雄心壮志，就要有男子汉气概，就要有勇往直前、坚定不移的勇气。

古语说："欲求其上上，而得其上；欲求其上，而得其中；欲求其中，而得其下。"树立远大的梦想，然后不断向目标努力，这便是雄心。"燕雀安知鸿鹄之志""王侯将相宁有种乎"，陈胜、吴广因为有了雄心壮志，便成了推翻秦王朝的起义军领袖。所以，男孩只要有雄心壮志，并且不断向目标努力，将来一定会大有可为。

故事赏析

我们来分享一个在职场中流传甚广的故事。

有一个年轻人刚刚大学毕业准备找工作，听说某汽车公司是一家不错的企业，于是他便来到这家公司应聘会计岗位。

面试的时候，面试官说："这个岗位只招一个人，而且工作十分辛苦，对于一个没有工作经验的新人来说，恐怕很难胜任。"

这个年轻人说："没关系，再艰苦的工作我都能够胜任，再大的困难我都能克服，如果贵公司能够录用我，我不但要做好这份工作，而且将来还要做这家汽车公司的董事长。"

面试官听了这个年轻人的豪言壮语，虽然有一些怀疑，但还是被打动了，于是给了这位年轻人这份工作。

进入公司一个月后，他工作非常出色，这位年轻人告诉同事说："我将来要成为这家汽车公司的董事长。"

32年后，他果然成了这家汽车公司的董事长。这个年轻人叫罗杰·史密斯。这家汽车公司就是美国通用公司。

罗杰的成功，一方面来自对困难、对自我不断地挑战，另一方面则来自雄心，来自进取心。这是一个相互作用、相辅相成后的过程。

每个男孩在成长的过程中都会产生不畏艰险的雄心，只是在成长的过程中，因为缺乏培养引导，因为面对残酷的生活时不能正确调整，而慢慢地被磨灭了。

既然男孩潜意识中就隐藏着雄心，那么，我们便可以用美好的梦想去激发孩子的雄心壮志，让孩子时刻保持积极乐观、不畏惧的情感。

男孩成长导图

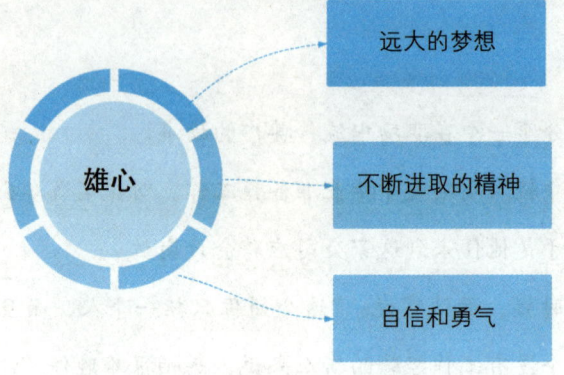

养育方法

第一，构建梦想。托尔斯泰曾经说过："没有理想，就没有坚定的方向；没有方向，就没有生活。"在男孩三岁左右对社会有了基本的认识和理解后，我们可以由浅及深、由近及远，循序渐进地引导孩子去建立心中的梦想。

第二，事例激励。男孩子的梦想建立后，一定会经历一个强度逐渐衰减的过程。比如七岁时男孩非常坚定地说将来要当科学家，而到九岁的时候却失去了兴趣。这是一个正常现象，对此，在男孩的梦想建立、雄心展露后，我们要用一些故事或者真实案例去稳固、保持孩子的雄心。

第三，雄心衔接。如第二条所讲，随着时间的推移，由于新鲜感流失、疲惫感、困挫感等，雄心在一个人心中会呈现出逐渐衰减的态势，这时我们可以根据孩子的年龄状态引导其改变梦想，以此来保证男孩雄心的持续性。

总之，梦想不是一成不变的，但雄心一定是要保持的。

| 第五章　男孩情感成长导图 |

精要分享

梦想是滋润小草的雨露,是鸟儿飞翔的翅膀,没有梦想,希望的种子就会枯萎,生命的道路也将漫长而迷茫。正如著名诗人纪伯伦说:"我宁可做人类中有梦想有愿望的最渺小的人,而不愿做一个伟大的没有梦想没有愿望的人。"因为有梦想才有飞翔的翅膀,梦想就是希望,就是力量!

男孩成长导图

培养男孩情感表达的能力

成长目标
1. 懂得释放情绪。
2. 乐于向父母表达情感。

开篇导读

在大多数父母的眼中,男孩就不应该哭,就必须坚强、勇敢。对此,从小很多父母就这样告诫男孩"一个男孩子有什么好哭的""怎么这么胆小"等。表面看,我们是在教育男孩要坚强勇敢,似乎没有什么不妥。而从情感成长的角度讲,这是在抑制男孩情绪的表达,并不利于男孩的情感发展。

故事赏析

辉辉上小学五年级了,他性格开朗,成绩优异,同学羡慕,常常被老师夸赞。班里选数学课代表,他认为自己数学成绩一直很好,一定会被推选上。可评选结果是他没有当选,是一位数学成绩比他差的学生当选了，对此，他非常难过。

回到家后，他将这件事情讲给正在做饭的妈妈听，妈妈只是说了一句"知道了"便没再说话。吃饭的时候他将这件事情又说了一遍，爸爸妈妈听了之后只是"嗯"了一声，然后继续讨论工作上的事情。

从此之后，辉辉就像变了一个人似的，变得沉默寡言，不爱参加集体活动，远远看见认识的同学或老师都是故意绕开。也很少再向父母表达自己的想法，学习成绩不断下滑。

案例中，辉辉的主要问题就是情感表达被约束，严格意义上说辉辉目前的心理已经不健康，甚至在抑郁的边缘徘徊，如果父母不及时处理引导，辉辉必然会抑郁，后果则不堪设想。

有人可能会问，一个男孩子，他的情感有这么脆弱吗？是的，男孩的情感就是这么脆弱，而且与女孩子相比，他们多了一分不回头的倔强，即使知道自己是错误的，也很难及时回头。所以，对于男孩的情感培养，我们要更加重视，切勿等到问题出现之后再去纠正。

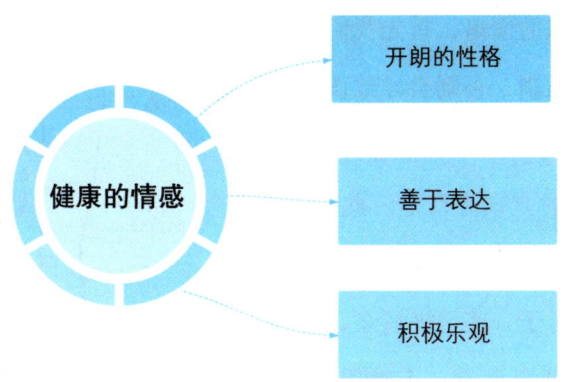

养育方法》

培养男孩健康的情感具体可从以下几个方面着手:

第一,不约束,巧引导。男孩在小的时候,情感与成人相比要丰富很多,当然也单纯很多。一方面,我们允许男孩释放所有的情感,不要强制约束。比如男孩哭了,首先了解他为什么哭,其次,等孩子哭完情绪稳定后告诉他,哭解决不了问题,只有冷静积极地想办法才能解决问题。

第二,有情感,懂释放。男孩与女孩相比更容易愤怒,表达的方式也更加粗暴。比如摔东西、大哭大闹等。尤其是男孩在2至5岁这一阶段,易怒的特征会更加明显。对于男孩类似的情绪,首先我们不能简单地去压制,否则会导致孩子情感发展得不健康;其次,引导孩子采用正确的方式去发泄。此外,更为重要的是要让孩子懂得情感的自我调节,对于一些消极情绪,首先要让男孩理智思考,正确理解,然后去化解,逐渐告别简单的情绪发泄方式。

总之，我们要积极引导孩子将消极的情绪表达出来，学会情感表达，让男孩子发泄情绪的同时不伤害自己、别人。

精要分享

父母是守护孩子最多的人，更容易感知孩子的情绪变化。我们既要及时帮助孩子缓解不良情绪，注重青春期心理辅导，自身更要积极乐观地对待生活，给孩子树立自信勇敢的榜样，培育孩子健康阳光的性格。

有位儿童心理学家说："在孩提时代，男孩比女孩更容易抑郁。"这不是危言耸听，男孩的情感健康问题不是小问题，我们需要时刻关注并进行正确的培养和引导。

男孩成长导图

男孩面对校园霸凌时怎么办

成长目标
1. 面对校园霸凌要冷静应对。
2. 知道被欺负该怎么办。

开篇导读

调皮捣蛋是男孩子的天性,在这个天性的基础上,由于每个家庭的教育方式不同,孩子外在的表现形式也会不同。比如有些孩子的调皮捣蛋仅限于家里人或熟人之间;而有些孩子的调皮捣蛋却没有界限,学校、家里都是一副唯我独尊的样子。因此,校园霸凌便出现了,那些被欺负的男孩情感也会受到很大影响。而这正是很多家长最为关心的问题,担心孩子在学校受欺负,担心孩子心理出现问题,那么,我们该怎么办呢?

故事赏析

王磊今年八岁,是一个很听话,性格有些内向的男孩子,由于父母工作的关系，刚转到爸爸工作的地方上学。

来到新学校新班级，一切都是陌生的，这让性格本来就内向的王磊变得更加沉默寡言。有天早上，他背着书包走到教室门口，只见有个大男孩堵在教室门口，气势汹汹地对王磊说："喊声大哥我就让你进去！"旁边一些男孩也开始起哄大声叫："喊啊！喊啊！"

王磊没有说话，胆怯地站在原地。

这时大男孩又说："赶紧喊，不喊揍你！"

……

最后，王磊轻声喊了一声"大哥"，大男孩才让开路。

事后，王磊并没有把这件事情告诉老师，回到家里也没有告诉父母，整个人变得更加内向沉默，直到有一天他突然告诉父母说自己不想上学了。父母问其原因，他也不说。最后，还是因为父亲同事的孩子与王磊在同一所学校，看到了王磊被欺负，父母才知道了这件事情。

孩子在遭遇校园霸凌时，通常会做出这样几种行为：哭泣、沉默、逃避、反抗。这些行为都不利于男孩情感的健康发展，尤其是后者，容易给孩子的身体造成伤害。

王磊的遭遇让我们感到同情和气愤，但，我们并不能保证我们的孩子在学校就不会遇到校园霸凌事件，如果我们的孩子遇到类似的事情，情感发展势必会受到很大的影响。

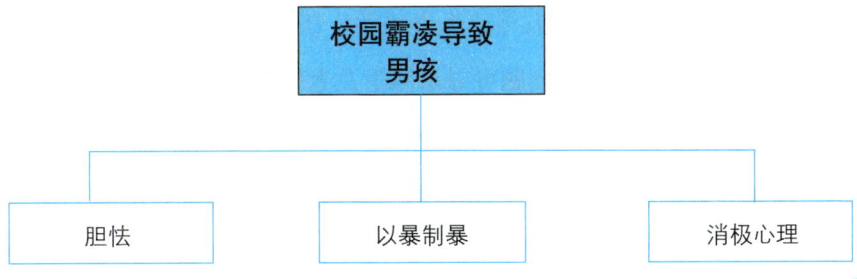

男孩成长导图

养育方法》

那么，男孩子应该如何处理校园霸凌事件？我们该如何介入呢？

第一，冷静应对。首先男孩子要冷静应对，在力量悬殊的情况下，为避免造成身体伤害，可先按照对方的要求做。不可冲动反抗，也不要事后沉默、逃避。

第二，第一时间告诉老师及父母。遭遇校园霸凌后，要第一时间告诉老师、父母，不可因为害怕、担心报复而对谁都不说。作为父母，如果发现孩子的情绪不对，应第一时间了解原因并进行处理，避免男孩情感成长受到影响。

第三，结伴而行，与同学友好相处。不管是调皮捣蛋的孩子还是性格内向沉默寡言的孩子，我们都要告诉孩子，在学校要与同学友好相处，出行时要结伴而行，遇到问题可寻求同学及老师的帮助。

第四，冷静处理。有相当一部分校园霸凌是因为两人之间的矛盾而起，比如一方嘲笑另一方；一方借另一方橡皮擦，另一方不借；一方向老师打另一方的小报告等。遇到这种情况，要让孩子懂得控制好自己情感，且不可因为冲动而动手打架。孩子事后可告诉老师，让老师介入处理，同时让孩子坚信老师一定会给自己一个公道。

精要分享

中小学校园欺凌行为有语言欺凌、物理攻击、关系欺凌三种形式，其特征表现为欺凌者不以为意，受欺凌者忍气吞声，具有反复性，滞后性。这是由家庭教育和学校教育的不足、学生心理发展不成熟、不良社会文化的影响造成的。为此，学校要重视中小学校园欺凌事件的事前预防，做好中小学校园欺凌事件的事后干预，以期降低校园欺凌的发生率和减轻事后的不良影响。

作为家长，我们更应该做好校园欺凌事件的预防，及时观察了解孩子的情感，防止校园霸凌发生在自己的孩子身上。

男孩成长导图

男孩，要学会掌握情感自控力

成长目标
1. 能够控制消极情绪。
2. 自律意识增强。
3. 掌握一定的情感自我调节方法。

 开篇导读

男孩终究要变成男人。男人，就需要有情感自控的能力，如果在男孩变成男人之前，让男孩认识情感自控的意义，培养他情感自控及自我调节的能力，掌握基本的情感自控的方法，那么，男孩在情绪管理方面会得到极大的改善。

故事赏析

有一次，我去一个同学家里做客，他是个老师，有一个10岁的儿子，听同学们说这个小家伙学习成绩很好，还非常懂事。

走进同学家里，发现小家伙正坐在沙发上看电视，孩子的确非常懂事，看到我们来了，非常有礼貌地站起来与我们打招呼。

与同学聊到孩子的学习，我说："很多家长都反对且禁止孩子看电视，你作为老师教育孩子怎么这么随意？"

同学微笑着说："孩子喜欢看电视是天性，而且电视节目都是固定的，适当地让孩子看看自己喜欢的节目也没啥不好。而且如果有孩子喜欢的电视节目，而你非要让他去写作业，即使孩子去写作业了，心里也会惦记着电视节目，反而写不好作业。倒不如让孩子根据每天的学习计划自己安排学习时间和看电视的时间，这样既能安心写作业，还满足了孩子娱乐的心理。"

不得不说老师就是老师，和一般家长的想法就是不一样。这的确是一个好方法，而且值得推广。这个方法中还可以培养孩子的情感自控力。孩子通过自我制订学习娱乐计划，什么时候读书，什么时候娱乐，在两者转换间其实就是一个培养孩子自控力的过程。尤其是从娱乐向学习转换的过程中，要放弃非常具有诱惑力的娱乐转入到枯燥的学习中，对于小孩子来说，需要很大的毅力。

当然，情感包含很多方面，比如哭闹、不开心、冲动、诱惑力等，在这些因素出现时要做到自控，其实也是一个心理挣扎对抗的过程。但如果能做到一次，情感自控力便提升一次，方法与经验便会丰富一点。

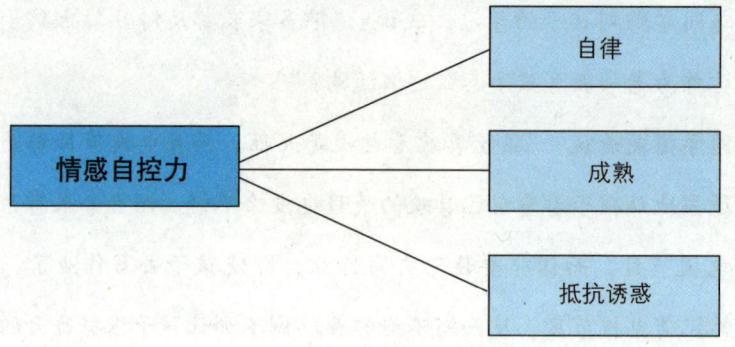

养育方法

当然，对太小的孩子进行情感自控培养难免会影响男孩性格的成长，所以，建议对男孩情绪自控能力的培养从7岁开始，一方面，这个年纪的孩子积极主动性会更强；另一方面，孩子也具备了一定的能力。

第一，预防性培养。孩子情绪激动往往是在需求得不到满足的那一瞬间，比如逛超市时男孩看到喜欢的玩具要买，被父母拒绝，孩子便会哭闹。对此，我们不妨提前和孩子"约法三章"，达成交易。比如进超市之前告诉孩子玩具只能看，不能买，否则就不去超市。如同案例中的男孩，父母与孩子事先就做好了规划，那么，孩子通常都会遵守。

第二，动之以情，晓之以理。培养孩子的自控力切不可用命令式的方法，特别是年龄较大的孩子，你的命令越严厉，男孩的逆反心理往往会越强。所以，告诉孩子，为什么不能这样做，为什么要这样做，两者之间的区别是什么，这样男孩更容易理解，也更容易接受。

第三，掌握情绪自控的方法。转移法：在男孩产生消极情绪时，鼓励孩子去做自己喜欢的事情。延迟满足法：适当延迟满足男孩的需求，也可以锻炼孩子的自控能力。比如男孩想让父母买自行车，父母可以说:"等你过生日的时候再给你买!"那么,男孩从这一刻起到自己生日那天,就是一个情感自控的过程;自我暗示法:当孩子情绪不高或者情感受挫失落时,让孩子大声告诉自己"幸亏没有……我真的太幸运了"等,通过自我暗示来快速调整消极情感。

> **精要分享**
>
> 人的自制能力和自我管理能力并不是天生的,它和人的其他能力一样,都是后天开发出来的,每个人的自我管理能力都是可以不断提高的。尤其是孩子的自控能力在日常生活中会逐渐提高,父母要有意识地提高男孩的自控力。
>
> 情感是伴随男孩一生的东西,积极的情感能够推动一个人快速成长发展,消极的情绪则会阻碍一个人的发展。既然情感自控力是后期培养的,那么,懂得情感自控,男孩成长的道路上会更加顺畅快速。

附 8-14岁：教导孩子懂得表达自己的情感

情感表达是人类传递信息的一种方式，更是生存的一种手段，情感表达的方式方法决定接收者认识和理解信息的完整度。对于8岁至14岁的男孩来说，语言表达、理解能力基本没有什么问题，缺的便是表达情感的方式和方法，那么，这个时期的男孩该如何表达自己的情感呢？

第一，消极情绪理智表达。8岁至14岁的男孩应该掌握基本的情感自控能力，在冲动、愤怒、难过等消极情绪出现时，停留6秒以上后再表达，6秒是人类极端情绪冷静所需的一个时间，6秒过后再表达会避免冲动之下表达出极端的情绪。

第二，让男孩学会一些沟通的方式。沟通是抒发情感的主要方式，当孩子害怕沟通、不善于表达时，往往会将一些消极的情感藏在心里，造成心理负担，影响孩子的情感成长。比如当小伙伴做了一件伤害孩子的事情时，男孩可以大胆地说："我很难过，你为什么要这样做呢？是因为我哪里做得不对吗？"当然，对于一些胆小的孩子来说，可能一时羞于或者不敢这样表达，对于这类男孩，可以采用让其写纸条或说悄悄话的方式表达。

第三，引导孩子自己去解决问题。有些孩子遇到问题时，要么只会向父母抱怨，不采取出任何行动，要么沉默。对于此类男孩，我们要鼓励孩子积极行动去解决问题，以此来摆脱消极的情感。比如小伙伴之间闹矛盾后，男孩生气地对父母说："以后我再也不和他玩了，他……"父母可以说："你可以去问问他为什么要这样做，是不是中间有什么误会呢？"了解事情的真相，才能平复心中的情绪。

第四，勇于争取。好的生活都是争取来的，争取可以给我们带来希望，带来积极向上的情感以及生活上的激情。所以，从小培养孩子善于争取、勇于争取的心理，一方面能够在争取中充分表达自己的情绪，远离懦弱、委屈等情感；另一方面，能够为男孩美好的生活带来更多的希望。

第六章

男孩情商成长导图

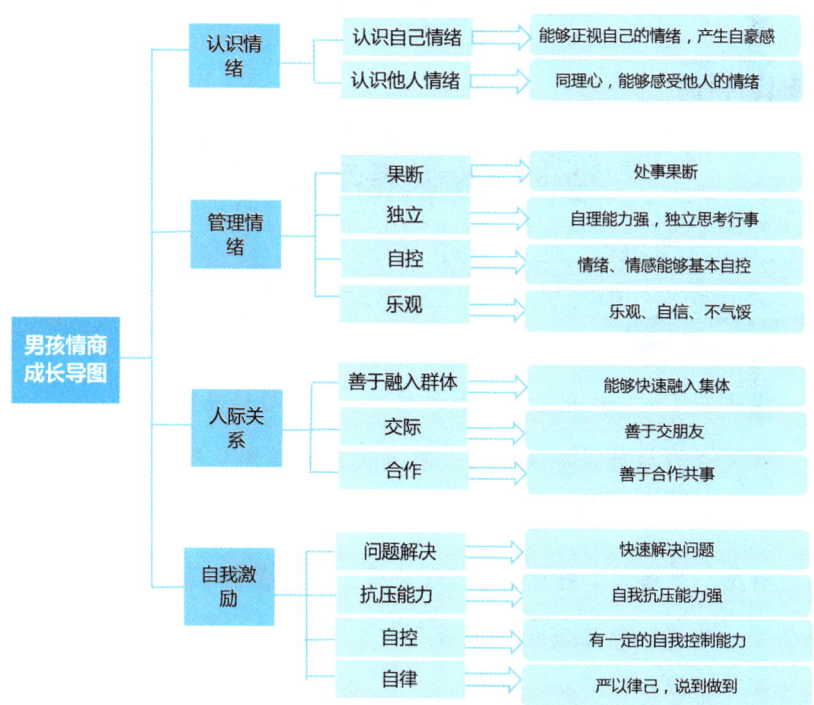

鼓励男孩学会耐心倾听

成长目标
1. 交流中不轻易打断他人。
2. 不感兴趣的话题也能够耐心倾听。

情商是什么？男孩子在成长过程中是否需要培养情商？

有人说情商就是能说会道，就是圆滑。现实生活中，很多人将情商理解得太过于功利，甚至有些厚黑。其实，情商就是情绪的智商或者说智慧，是通过了解情绪、管理情绪、识别情绪从而正确处理人际关系的一种方式，情商高低关系着每一个社会人。因此说，男孩需要培养情商，需要具备一定的情商。

既然是处理人际关系的一种方式，那么就涉及听与说，而听是说的基础，懂得倾听，能耐心倾听，是男孩情商培养的重要组成部分。

故事赏析

有个老师给我讲了他带小学一年级时发生的一些有趣事情,一次上自习课,他给一些孩子讲完题目后,发现记分册没有拿,而记分册在张老师那里。因为他要给另外一位同学辅导作业,于是就想让某同学去办公室找张老师要,他对某学生说:"某同学,你去隔壁办公室找一下张老师……"话还没说完,这位同学就跑出去了,结果这位同学把张老师找来了教室……

还有一次课间操,几位老师在操场商量有关教学的事宜,有件事情正好涉及一(二)班的王老师,但王老师不在现场。这时他看到自己班里的一个学生某某,就对某同学说:"某同学,你去办公室找一下一(二)班的王老师,让他来操场。"这位同学立即向办公室跑去,不过没一会儿他又回来了,说他不认识一(二)班的王老师……

虽然,这些事情听起来似乎很搞笑,但却充分说明了很多孩子并不善于倾听,有些孩子只听一半便急于行动,如故事中的第一位同学;有些孩子虽然听完了,但没听明白就急于行动,如故事中的第二位同学。

在生活中,有些男孩对于别人讲的话总是不听或者不专心听、没耐心听,比如你给孩子讲道理的时候,他听着听着就说:"好啦好啦,我知道了!"摆出一副嫌弃你的样子!你在给孩子讲作业的时候,他听着听着开始玩了起来甚至睡着了!这都是倾听能力较弱的主要表现。在其学生时期,上课听讲对知识吸收能力差;将来走入社会,会影响其社交能力。

男孩成长导图

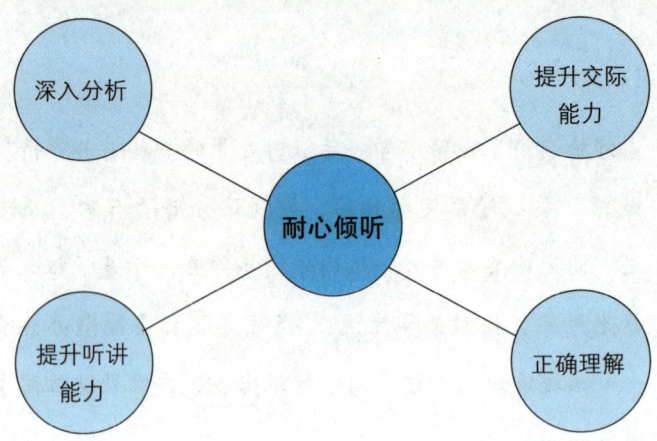

养育方法 美国语言学家保尔·兰金曾表示,人们在日常交往中,听占45%,说占30%,读占16%,写占9%。也就是说,人生有近一半的时间都是在听,那么,我们就应该从小鼓励男孩的倾听耐心。

第一,游戏锻炼法。 男孩在小的时候家长肯定与其玩过这样的游

戏，家长问："鼻子在哪里？"男孩马上指鼻子；"嘴巴在哪里？"孩子马上指嘴巴。看似是一个游戏，却能极好地锻炼孩子的倾听能力。孩子大一些后，我们还可以增加难度，比如"先指鼻子，再指嘴巴，再指耳朵，再指……"然后让孩子执行。

第二，**读故事转述法**。给孩子读一些有趣的故事，讲完后让孩子进行转述，同样，我们可以根据孩子的倾听力或者年龄增加难度。

第三，**掌握倾听礼仪**。耐心倾听的目的是听懂，不是被动毫无思考地听。所以，我们需要教孩子一些倾听礼仪，通过表情、手势、点头，向对方表示你在认真地倾听。这样不但能提升孩子的倾听礼仪，还能够提升孩子倾听的主动性。

> **精要分享**
>
> 美国著名人际关系学大师戴尔·卡耐基，在他的著作《人性的弱点》中写道："对于同你讲话的人来说，他的需求或者他遇到的问题，比你的需求或者你遇到的问题要重要一百倍。因此，你首先要安静地听别人讲话，然后才可能成为一个让人喜欢的人，别人才乐意听你说话。"
>
> 所以，男孩在成长的过程中，有必要让他了解倾听的意义，让他懂得耐心倾听的重要性，让他成为大家都喜欢的人。

男孩成长导图

让男孩学会真诚地赞美、欣赏别人

成长目标

1. 养成赞美他人的习惯。

2. 掌握赞美他人的方法。

开篇导读

学会欣赏和赞美他人能够提高男孩的情商，因为通过赞美他人，可以拉近彼此之间的距离，让自己更容易融入团队，获得友谊。同时，增强团队的凝聚力。

故事赏析

九岁的小男孩浩浩和伟杰住在同一个小区，在同一所学校上学，但不同班。虽然两个小朋友都认识，可由于浩浩性格内向，两个人并没有说过话，没有在一起玩耍过。

这天浩浩班级组织跑步比赛，因为是课外活动时间，所以围观的同学很多，其中就有伟杰。浩浩虽然性格内向，但喜欢运动，身体素质很好，比赛结果，他毫无悬念地获得了第一名。

比赛结束后，很多同学向他投来了赞许的目光，其中伟杰跑到他面前说："你真厉害，跑得真快，放学来我家找我玩吧，我家在1号楼……"

浩浩看着伟杰使劲点了点头。

放学回到家，浩浩兴奋地对妈妈说："今天我们进行跑步比赛了，我得了第一名。"

妈妈说："浩浩真厉害！"

浩浩有点骄傲地说："和我们一个小区的那个小男孩也说我很厉害呢！他说放学让我去他家玩，我想去。"

妈妈说："之前在小区遇见人家跟你说话，你不是都不说话吗，怎么这会儿想去他家玩了？"

浩浩说："我觉得他人很好，所以我想去……"

一句赞美，收获了一份友谊，小男孩之间的友谊建立就是这么简单。不管是性格内向还是外向的人，都不会拒绝赞美，尤其是男孩之间，赞美更让其获得成就感，更能对赞美者产生好感。

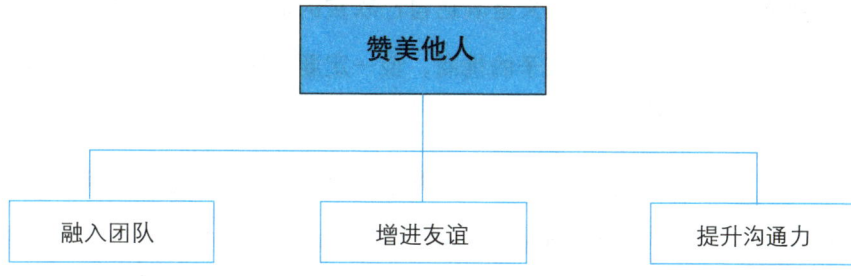

养育方法

第一，引导发现。 父母可以在男孩面前坦诚地说出孩子熟悉的人的优点，比如孩子的姑姑、叔叔，然后赞美他们的优点。并让男孩以同样的方式去发现自己身边人的优点。久而久之，孩子便能主动发现他人的优点，在学习他人优点的同时，也学会赞美他人。

第二，发现孩子成长过程中的优点并适时赞美。 经常被赞美的孩子会变得更加自信，比如男孩被同伴赞美，他会变得非常激动兴奋，同时，他自然而然地也会学会如何去赞美别人。

第三，赞美要具体。 告诉男孩，赞美他人要具体，不要太空洞，比如说完"你真棒"之后，应该对事情本身进行赞美，这样的赞美才更具意义。

第四，赞美要及时。 在教男孩赞美别人时，告诉男孩赞美要尽量第一时间说出来，不要拖延。比如同学送自己一个生日礼物，在拿到礼物后要第一时间说："哇！这个礼物我太喜欢了，你太有眼光了！"

精要分享

赞美的意义是表达自己欣赏的情感，拉近彼此之间的距离，培养孩子的情商，但一定要把握度，否则就会适得其反。

与大家分享一段《微言教育》中关于赞美的解读：

"过度赏识和不必要的赞美，并不能有效表达你对孩子的喜爱，在一定程度上还会让孩子过于依赖外在的评价，而没有真正投入到事物本身，久而久之，还会弱化孩子的责任感和上进心，让孩子缺乏做事的动力。"

培养男孩的幽默细胞

成长目标

1. 提升男孩的幽默感。

2. 学会基本的幽默表达。

开篇导读

有人说,这个世界好看的人太多,有趣的灵魂却太少。一个男孩,如果有幽默感,即使长相一般,也会受大家欢迎。

在人际交往中,幽默感对其社交起着至关重要的作用,同时能够帮助一个人减轻生活、工作带来的压力和痛苦。从这两点来看,培养男孩子的幽默感有助于他健康快乐地成长。

故事赏析

七岁的灿灿总是丢三落四,上学忘拿水杯、课本、橡皮擦是经常的事,爸爸长期在外地工作,妈妈一个人照顾灿灿,对此,老师通过电话提醒了妈妈好几次,妈妈每次都是叮嘱再叮嘱,说完的前几天表现很好，可没过多久，"老毛病"就又犯了。妈妈在电话中对爸爸抱怨："自己已经尽力了！"

这天，爸爸在家。吃完晚饭，灿灿写作业的时候发现，文具盒里没有橡皮，想必是今天上学的时候也没带橡皮。灿灿低头对正在说话的爸爸妈妈说："橡皮找不到了！"妈妈一听正准备发火，爸爸使了一个眼色，妈妈没有说话。爸爸说："走，我们一起去找，看看它藏在了哪里。"

经过一番寻找，在沙发的缝隙里找到了橡皮。爸爸幽默地说："是不是你昨晚写完作业忘记跟橡皮说再见了，所以它生气才故意让你找不到的。记得以后写完作业要与每一个文具说再见，把它们放在文具盒里睡觉，这样它们就不会生气乱跑了。"

灿灿一听，开心地笑了，也幽默地说："原来它们这么调皮啊，下次用完我一定看着它们睡觉。"

爸爸用幽默的方式向儿子传递了用完东西要及时收起来的道理，儿子不但高兴地接受了，而且一定是记忆深刻的，他还用幽默的方式与父亲进行了交流，这是一个多么有趣、幸福的场景啊！

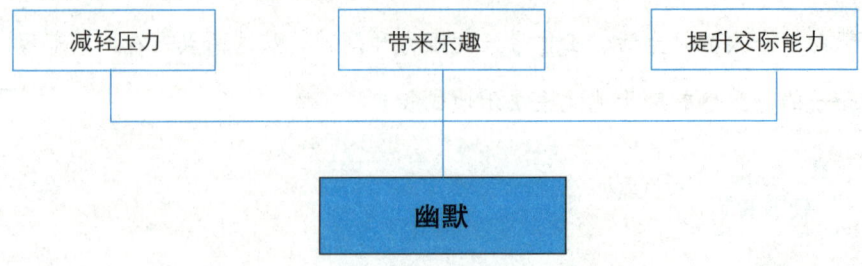

第六章 男孩情商成长导图

养育方法 >>

那么，我们如何培养男孩的幽默细胞呢？

第一，言传身教。以上故事就是一个非常好的案例，男孩子在未成年前，大部分时间都与父母在一起，父母的言行直接影响着孩子的言行，如果父母是一个幽默的人，孩子大致也会成为一个幽默的人。如果你现在不懂幽默，不妨试着与孩子用幽默的方式沟通一下，看看会有什么奇妙的不同。

第二，读听幽默故事。在幼教类书籍中，你会发现有相当一部分幽默书籍，这说明人们对培养孩子的幽默感越来越重视。我们可以通过这些书籍中的幽默故事，讲给孩子听，或者让孩子去读，通过模仿来提升孩子的幽默感。

第三，一定告诉孩子，幽默要把握尺度。幽默不是油嘴滑舌，不是不合时宜地开玩笑，更不是嘲弄与讽刺。这一点我们在培养孩子幽默感的时候一定要注意，幽默是在不伤害他人、尊重他人的前提下的一种有趣的交流方式。

精要分享

列宁说："幽默是一种优美的、健康的品质。"它能够锻炼男孩的矛盾化解能力和社交能力，是情商中非常重要的一部分。一个具有幽默感的男孩，无论走到哪里都能够带来欢声笑语，都能够成为人群中的焦点，给他人带来快乐的同时也带来生活的希望，正如俄国文学家契诃夫所说："不懂幽默的人，是没有趣味的人。"

男孩成长导图

让男孩学会说"不"

成长目标
1. 敢于拒绝他人。
2. 掌握拒绝的方式。

开篇导读

有些男孩从小就非常"听话",从来不会拒绝他人,大家可能都觉得这是一个懂事的好孩子,其实不然,不懂得拒绝,对于男孩来说未必是一件好事。因为将来步入社会,在人际交往过程中,拒绝他人的要求是我们不得不做的一个选项。敢于拒绝会减少很多不必要的麻烦,懂得巧妙地拒绝,是一个人情商的体现。

故事赏析

一个小山村有一个男孩,在他三岁的时候,父母吵架离婚后,各自去远方打工再也没有回来,临走前将他托付给了二姑照顾。二姑生活虽然也不富裕,但为了照顾好孩子,勤俭节约,一直供这个男孩考上了上海一所不错的大学。

大学期间，男孩很努力，一边上学一边勤工俭学，来减轻二姑的负担。直到大四快毕业的时候，二姑说要来看他。这时的男孩已经通过勤工俭学攒了一点钱，他想，一定要好好招待二姑，报答她的养育之恩。

二姑来上海的第二天，男孩说要给姑姑买衣服，姑姑欣然答应了。两人走着走着，看到了一家装修豪华的品牌店，二姑说："就这家吧！"

男孩犹豫了一下，因为他知道这种店的衣服肯定不便宜，他攒的那点钱也不一定够。可是想到二姑的养育之恩，男孩不好意思开口拒绝，硬着头皮和二姑走进了这家店。

进店后两人转了一圈，大约半小时后，二姑摸着一件上衣说："我看这件不错，就这一件吧！"

男孩一看价格标签，2299元，男孩显得有些不自在，额头也开始冒汗！终于，他鼓起勇气将二姑拉到一边不好意思地说："二姑，我没有那么多钱……"

二姑语重心长地说："我今天来这家店就是要告诉你，一定要懂得拒绝别人，包括我。你没钱为什么在我进这家店的时候不直接跟我说？如果你当时说：'二姑，我的钱不够，能不能换一家店看看呢？'这样是不是就可以避免尴尬呢？所以说，孩子啊，你今后步入社会还会遇到很多类似的事情，该拒绝的时候一定要勇敢坚定地去拒绝，这样你的生活才会更加轻松！"

是的，虽然没有人喜欢被拒绝，但是懂得拒绝，是一种自我保护，能够让男孩避免一些危险和尴尬；在拒绝中思考，能够很好地培养男孩的自我意识，提升男孩的自尊和自信。

养育方法

不敢、不会、不懂得拒绝他人,一味地迁就别人,对男孩的成长来说是非常不利的。那么,我们又该如何培养男孩拒绝他人的意识和方法呢?

第一,尊重孩子的意见。教育男孩不要搞一言堂,多听听男孩的意见,让孩子意识到他的意见很重要。这样,一方面男孩的自信心会逐渐提高;另一方面会让男孩更加敢于表达自己的意见。

第二,告诉男孩拒绝的意义。告诉孩子,尤其是年龄较小的男孩:拒绝并不是不友好的行为,是一种自我保护,拒绝他人的提议或要求不是拒绝这个人,所以,不要不好意思拒绝他人。

第三,掌握拒绝的方法。引导男孩在拒绝的时候加上理由,这样的拒绝更有说服力,也会更加柔和;如果想更加强烈地表达自己的拒绝,可以反复地说"不",这种方式可以传递更加坚定的态度。

精要分享

不要成全了别人,恶心了自己,学会拒绝别人,也尊重别人的拒绝。

敢于拒绝是一种成长,懂得拒绝是一种情商,坚定拒绝是一种原则。社会复杂,人心难测,我们希望男孩将来步入社会能有一个好的人际关系,但我们更希望男孩健康安全地成长,将来既能按照自己的想法生活,又能够保持良好的人际关系。所以,从现在开始,培养男孩拒绝的意识和能力吧。

附 8-14岁：在亲子共读中享受快乐时光，加深与孩子的情感

男孩情商培养的目的就是提升其沟通能力、社交能力，而很多时候我们会发现，孩子与小伙伴关系处理得很好，却与父母的情感越来越淡，距离越来越远，这是一件非常糟糕的事情。

尤其是对于8岁至14岁的男孩来说，很多家庭都会出现这种情况。对此，我们不妨采用亲子共读的方式，创造与男孩之间的快乐时光，加深与孩子的情感。

亲子共读活动在很多学校都有举行，学校也一直在号召，可是，当孩子到达一定年龄后，很多父母觉得孩子长大了，自己会去读书，不用再陪着孩子一起阅读了。其实不然，8岁之前的亲子阅读主要培养的是孩子阅读的习惯；而8岁至14岁，更多地是培养男孩与父母之间的情感，所以说，读书是一种形式，目的和意义却有很多。

研究发现，父母经常陪伴孩子阅读，可以提升孩子的学习成效，并且达到多元学习的目标。那么，我们该如何和孩子一起亲子共读呢？

首先，对于8岁至14岁的男孩来说，情感持续是亲子共读的第一理由，其次是让男孩获得知识和启发。

有了这个清晰的目标之后，在亲子共读的时候我们要采取一些有趣

的措施,不能只是一起埋头苦读,读完就完事。

比如,在亲子共读之前父母可以与孩子一起选书;阅读结束后一起探讨等,这些方法都可以达到亲子共读的目标。

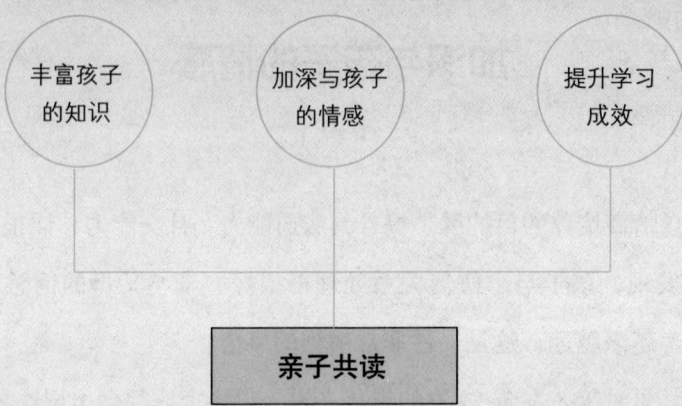

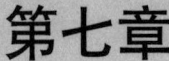

男孩逆商成长导图

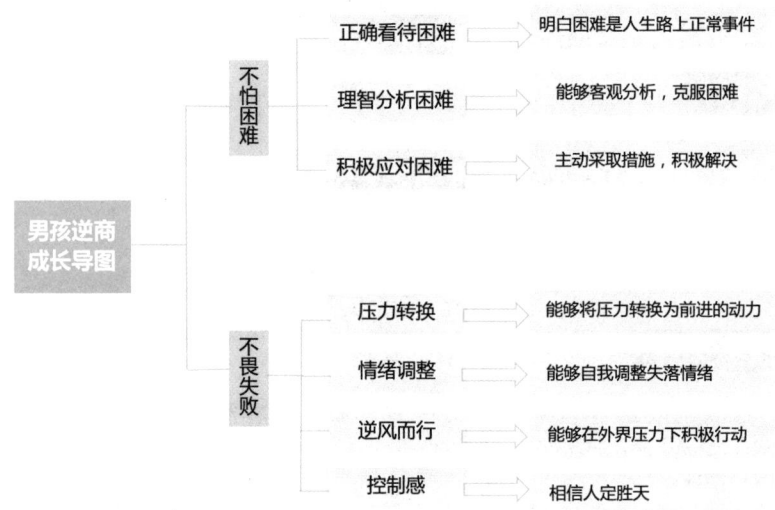

男孩成长导图

摔倒了就要自己爬起来

成长目标
1. 发展男孩天生的坚强基因。
2. 锻炼男孩自立的意识。

开篇导读

男孩在成长的过程中，偶尔摔倒是正常的事情，尤其是在蹒跚学步阶段，摔倒更是常有的事。在男孩摔倒后，我们很多父母的第一反应是迅速上前抱住或者扶起孩子，好言安慰，有时候孩子没哭没闹，父母先开始着急上火。更有甚者还会当着孩子的面把绊倒孩子的东西使劲踩两脚，然后对孩子非常认真地说："你看，我已经打过它了，别哭了！"

其实，如此这般的溺爱，会无形中扼杀男孩天生的坚强。

第七章 男孩逆商成长导图

故事赏析

有心理学家曾做过这样一个实验。

据说跳蚤可以跳到自身高度400倍的高度，心理学家为了证实这个理论，他把一只跳蚤放到一个较高的玻璃杯中，然后跳蚤轻轻一跃就跳出了玻璃杯，连续试了几次都是这样，看来这个理论是正确的。

随后，他在玻璃杯上盖了一个盖子，跳蚤第一次跳时撞到了盖子上，连续几次后，跳蚤降低了跳跃高度，最多只能跳到盖子边缘处。

心理学家继续降低盖子的高度，同样，跳蚤在前几次跳跃时撞到盖子后，逐渐降低了跳跃高度。最后，心理学家将盖子完全去掉，发现跳蚤不但跳不出瓶子，而且也跳不高了。

这个故事便是跳蚤定律。当我们阻止跳蚤发挥它的跳跃天性后，久而久之它就会逐渐失去这种天性，到最后即使拿开盖子，它也很难跳到第一次跳跃的高度。

男孩培养也是如此，当男孩摔倒后，父母马上扶起来，久而久之就会让男孩产生依赖心理，男孩本身具有的一些优秀品质就会被阻止发展，久而久之，就如同跳蚤一样再也跳不到之前的高度了。

所以，孩子在摔倒之后，尽量让孩子自己爬起来，更不要为了平复孩子的情绪而去抱怨第三方。在什么地方摔倒就在什么地方爬起来才是男性正常的发展历程。

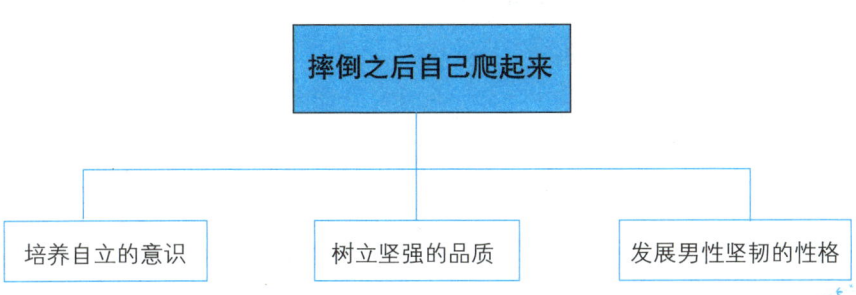

男孩成长导图

养育方法

男孩摔倒了,该不该扶?怎么扶?

第一,观察。判断孩子是否受伤,如果没有受伤,在保证孩子安全的情况下首先保持沉默,让孩子自己去面对,思考解决的方法,观察他是否会自己爬起来。

第二,鼓励。如果孩子没有自己站起来,或者已经开始大哭。这时我们也不要急于扶孩子起来,说一些鼓励的语言让孩子自己站起来。比如说"宝宝很棒的,我相信你一定能够站起来""宝宝,看我这里,站起来"!

第三,再来一次。有这样一句俗话:"在哪里跌倒就在哪里爬起来。"对于成年人来说这是一种不服输不认输的意志,孩子也是。当孩子站起来后,我们可以引导孩子在刚刚摔倒的地方再走一遍,直到孩子不再摔倒,这样会减轻孩子摔倒时的恐惧记忆。

精要分享

如果说世间所有的爱都是为了相聚,只有一种爱其实是为了分离,那就是父母对子女的爱。为孩子创造更多的机会,鼓励他们放手去做去闯去面对,哪怕跌倒了再爬起来,争取早日独立生活,放心"单飞",这才是父母对子女真正的爱。

小朋友之间的矛盾,让他自己去解决

成长目标
1. 锻炼男孩解决问题的能力。
2. 锻炼孩子的勇气。
3. 培养孩子的沟通能力。

开篇导读

"哼!不跟你玩了!""我要和你绝交"……

小男孩在一起玩耍的过程中,经常会因为一些琐事产生矛盾,在矛盾产生后,委屈的一方往往会说出上面的话,来表达自己的抗议和不满。惹对方不高兴的男孩这时往往会情绪低落、伤感无助。这种情况,父母该如何处理呢?

故事赏析

曾在某媒体上读过这样一个故事。

在美国,有一个七岁的小男孩,妈妈在家里做晚饭,男孩在外边和邻居家的孩子玩耍。过了一会儿,男孩灰头土脸地回到了家中,一

副很不高兴的样子。妈妈看到男孩的样子问其原因。

原来男孩在和邻居小伙伴玩耍的时候，因为两人都想玩一个玩具，互不相让。最后玩具摔坏了，而这个玩具是小伙伴的，为此，两人打了起来，还弄了一身土。

妈妈了解清楚原因后，严厉地说道："这件事情你自己去解决，如果解决不了，惩罚你不准吃晚饭。"

随后，男孩回到了自己房间，因为胆怯，他没有去解决与小伙伴之间的矛盾。

一会儿，小伙伴的妈妈来敲门，询问小男孩是否受伤。男孩妈妈说："他没有事，这件事情我想让他自己去解决，您看是否可以？"

邻居妈妈说："好的，就这样办。"

晚饭的时候，男孩妈妈没有喊男孩吃饭，吃完饭便将厨房收拾干净去睡觉了。

第二天，吃早餐的时候，男孩妈妈说："昨天晚上你和小伙伴的矛盾还没有解决，如果今天解决不了，你在学校的伙食费将会减半。"说完，便将孩子送到了校车站。

下午放学后，男孩鼓起勇气，主动到小伙伴家里，承认了错误，向对方说了声："对不起！"

小伙伴听完后说："没关系，我们还是好朋友！"

晚上邻居的妈妈打电话给男孩的妈妈，告知了事情的经过。男孩回到家，妈妈特意做了男孩最爱吃的饭菜。

首先我们自问，男孩的妈妈为了让男孩自己去解决与小伙伴之间的矛盾，可以不给他吃饭，我们能做到吗？在男孩没有解决问题之前，可以给更多的惩罚,我们能做到吗?

我想,大多数父母是做不到的。所以,如果男孩坚决不主动去解决问题,我们是毫无办法的。

我一直倡导小朋友之间的矛盾必须由小朋友自己去解决,大人最好不要参与,因为一方面,可以锻炼孩子处理问题的能力,提升孩子沟通的能力;另一方面,大人的参与往往会让事情更加复杂,还会让孩子产生严重的依赖心理。

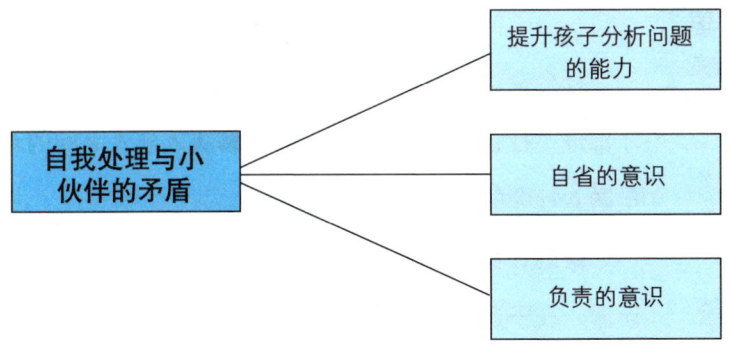

养育方法

有孩子的地方,就会有矛盾,那么,对于男孩与小伙伴之间的矛盾我们该如何引导解决呢?

第一,做看客,勿介入。孩子们之间的矛盾,通常都不是什么大的矛盾,大多是一些鸡毛蒜皮的小事,所以,不管谁对谁错,大人根本没有必要介入,因为他们完全有能力去解决,只是没有勇气去解决而已。如果在父母鼓励引导的情况下,男孩还是无动于衷不去解决,那么,就需要给孩子一些压力,放下溺爱之心,逼迫孩子走出这一步。

第二，给思路和方法。有时候是因为对方的错，所以孩子觉得委屈不愿意去解决，有时候是因为不知道如何去处理。这时，父母可以给孩子一些思路和方法，引导鼓励孩子去解决。如果是对方的错，鼓励孩子以宽容的心态去看待，主动找对方沟通交流。如果是孩子的错，要鼓励孩子去道歉，告诉孩子敢做就要敢当，激发男孩担当的勇气，引导孩子去解决。比如告诉孩子："如果你不主动去解决问题，你可能会失去这个朋友哦！"

精要分享

社会是由人组成的一个群体，正因为个体之间的矛盾才推进了社会的发展。所以，学会解决人与人之间的矛盾，是融入社会的首要技能。

德国作家歌德在其著作《浮士德》中说："生命在于矛盾，在于运动，如果矛盾消除，运动停止，生命也就停止了。"作为父母，首先我们要正确认识矛盾，然后正确地引导男孩去解决矛盾。孩子解决矛盾的过程是一个交际能力、自我意识、意志力以及领袖意识提升的过程。

第七章 男孩逆商成长导图

逆境是苦的，努力后便是甘甜

成长目标
1. 正确感受逆境，不畏惧。
2. 能够在失败中树立信心。

开篇导读

俗话说："良药苦口利于病。"人在逆境中品尝过的苦难，有利于自身的成长与强大。可以说，逆商是决定男孩成败的关键。所谓逆商，就是指人们认识逆境和战胜逆境的能力。逆商高的孩子，在面对困境时往往会表现出非凡的勇气和毅力，锲而不舍地将自己塑造成一个坚强者的形象；相反，那些逆商低的孩子，常常会表现得畏畏缩缩，做事情会半途而废，最终与成功无缘。

故事赏析

安徒生出生在一个贫穷的家庭，父亲是一个修鞋匠，很早就去世

了，一家人的生活全靠母亲给别人洗衣服来维持。

14岁那一年，安徒生离开故乡来到哥本哈根，梦想要成为一名演员。他克服重重困难，学习文化知识，可是却频频遭到拒绝。后来一所音乐学院的教授收留了他，他开始学习唱歌。

然而，在学习一年之后，因为没钱买药治病，导致嗓子哑了，他不得不离开音乐学院。

即使这样，他也没有放弃对生活的热爱，反而越挫越勇。离开音乐学院后，他租了一间小平房，没日没夜地开始学习写作。

功夫不负有心人，在他的不断努力下，最终成为了世界著名的儿童文学作家。

逆境是艰苦的，面对艰苦可以放弃，但我们什么也不会得到；如果不放弃，我们就有可能品尝到成功的甜，更重要的是能够在逆境中快速成长壮大。

男孩在成长的过程中，父母如果看到他受苦受累了，不需要过分担心。在让男孩感受到艰难困苦之后，让他感受到成功的喜悦。

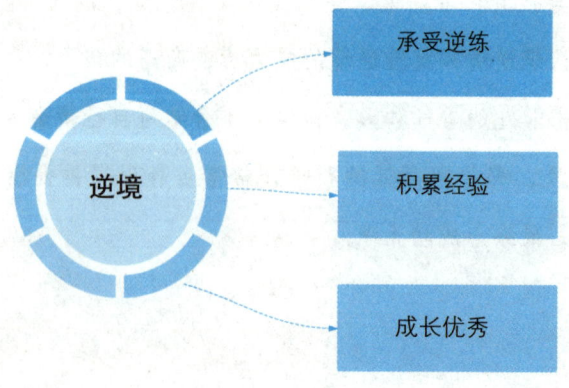

养育方法

第一，**失败不可怕**。失败是男孩成长之路的伴侣，引导男孩客观看待失败，不悲观也不轻视，养成总结经验的习惯，激发其敢于尝试的兴趣。

第二，**游戏培养法**。在游戏中感受逆境，感受成功。比如跑步游戏，相同距离孩子第一次跑了10秒，我们可以引导孩子："如果每天坚持锻炼，你就能跑9秒，那样你就会更加厉害，到时候我奖励你一个玩具！"孩子每天坚持锻炼便是一个感受逆境的过程，当某一天他真的跑到了9秒，我们便可以兑现承诺，让孩子感受到成功的喜悦。

第三，**自尊自爱**。自尊即自己尊重自己，自爱即自己爱惜自己。一个懂得尊重自己爱自己的男孩，一定不会在失败中轻言放弃。

精要分享

世界很公平，要么让孩子先苦后甜，要么让孩子先甜后苦。作为父母，你怎么选？

有些道理我们都明白，苦是无法代受的，孩子现在不受苦，将来一定要受苦。所以，如果我们爱自己的孩子，就放手让他去感受他该感受的苦吧，不要被一些过度解读的商业心灵教育所胁迫，现在在逆境中吃苦，要比将来在逆境中吃苦更加幸福。

男孩成长导图

制造逆境,培养男孩的抗挫能力

成长目标
1. 培养男孩的逆境思维。
2. 培养孩子在逆境中处理问题的能力。

 开篇导读

经常有父母对我说:"现在的孩子真是太幸福了,要啥父母就给买啥,一点苦也感受不到!"

是的,随着人们生活水平的提高,物质的富裕,现在的孩子的确很幸福,饭来张口,衣来伸手,几乎个个都是家里的宝贝。

但有句话说得好:不经历风雨怎么能见彩虹?穷人的孩子早当家,在男孩成长的过程中,如果没有挫折、没有坎坷,未曾感受过逆境,那么,男孩将来适应社会的时间就会延长,抵御困难挫折的能力就会减弱。

故事赏析

记得我儿子七岁的时候，一次在街上看到一家跆拳道培训学校的老师穿着跆拳道服装在招生，看起来很帅的样子。儿子激动地说："我也要学跆拳道！"

于是，我给儿子报了名。学习了一段时间后，学校要进行阶段性考试。考试的结果是儿子成绩垫底，成绩优秀的小朋友都有奖品，儿子和少数几个小朋友因为成绩不理想没有得到奖品。

回到家后，儿子说学跆拳道太难了，不想学了。看着儿子很为难的样子，心想不学就不学了吧！

但我马上意识到，如果这个时候顺从儿子的心意不再继续学习跆拳道，无疑给儿子心中种下了一颗遇到困难就退缩的种子，遇到困难挫折就想放弃心态。想到这里，即使不想学跆拳道，也要等到扭转过这样的心态之后再放弃。

为此，我引导孩子，告诉他困难只是暂时的，只要我们认真练习，就一定会比其他小朋友打得好。并承诺他，每天陪他练习一个小时。

经过大约两周的练习，在一次考试中，儿子名列前茅，得到了老师的奖励。

随后我问儿子："跆拳道还想学吗？"

儿子说："我觉得我不感兴趣，不想学了！"

我说："好吧，那我们就不学了。"

相信很多孩子曾经和我儿子一样，在做某件事情的时候提出了放弃，这个时候我们一定要明白，他是因为不感兴趣放弃还是因为遇到困难挫折后想放弃。如果是后者，即使你也觉得孩子做这件事情是没有

意义的,也要在扭转孩子畏惧困难挫折的心态后再放弃。

在逆境中成长的男孩一定要比在顺境成长的孩子更加优秀,所以,不要心疼男孩面临逆境,如果有必要,还可以为男孩制造逆境来锻炼孩子。

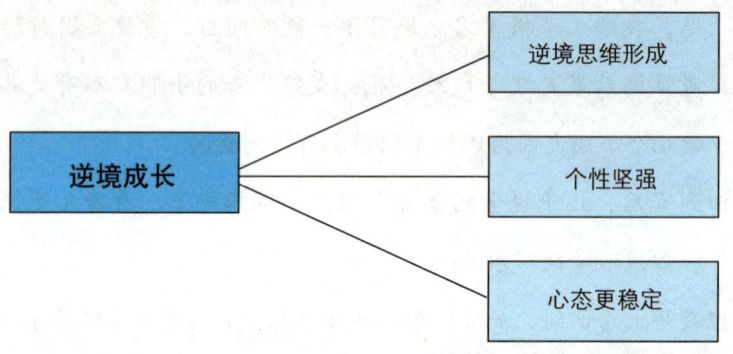

养育方法

第一,客观认识逆境。首先,我们要让男孩认识到困难挫折在生活中是经常存在的;这就要求我们在男孩遇到困难挫折的时候,不要急于帮助他解决,让男孩自己去探索,了解挫折在生活中的普遍性和客观性,认识到做任何事情都会遇到困难。养成男孩面对困难挫折不畏惧的心态。

第二,制造逆境,有的放矢地培养。说实话,现在的男孩极其缺乏对逆境的感受,生活的过于安逸与平顺,一方面,是因为我们生活在一个幸福的时代;另一方面,是父母太溺爱。如果男孩在成长的过程中没有遭遇过逆境,或者遇到的困难挫折很少,我们不妨主动为孩子制造一些逆境,来激发和培养男孩的逆境思维,以及在逆境中处理问题的能力。

比如针对住校的男孩,假如他在学校一个星期的生活费是100元,在某个星期可以降低到50元,告诉孩子:"由于种种原因,这个星期的生活费只能给你50元了,我相信你一定能够规划好这个星期的生活。"

第三，肯定鼓励，养成健康心态。 一个人在遇到困难挫折后之所以容易放弃，主要原因是缺乏他人的鼓励和自我调节的能力。对于孩子来说后者较难，为此，我们需要更多地去鼓励孩子，尤其是孩子在逆境中的时候，告诉孩子"你能行，加油""我相信你一定会成功的"等，在激发孩子自信心的同时，能够很好地培养孩子解决困难挫折的能力。

精要分享

卡耐基说过："人在身处逆境时，适应环境的能力实在惊人。人们可以忍受不幸，也可以战胜不幸，只要刻意发挥它，就一定能渡过难关。"所以，父母应尽可能地减少溺爱，给男孩一个逆境，他一定会给你一个感动。

有一句话说得非常实在："没有什么教育比逆境来得更实在。"人生就是一个接一个的挫折，提前培养男孩对于挫折的适应性，他将来一定会不同凡响。

附 9-14岁：在引领中让逆商成长

9岁至14岁的男孩，处于青春期初期阶段，这个时期的男孩好争辩、焦躁甚至喜怒无常，尤其是在面对逆境时，这种情绪会更加明显。这时，需要有一个人来正确引导其开阔眼界，调整心态，提升男孩的

情绪掌控能力，告别青春期在逆境中所产生的无助和失落。

美国教育家卡乐尔·桑德堡说："顺境可以造就人才，逆境也可以造就人才，而且在逆境中经过挫折和千锤百炼成长起来的孩子更加具有竞争力。"这一点我们要深刻理解，不要觉得孩子身处逆境就可怜，运气差，何其不幸等，换个角度看问题，孩子当前所遭遇的挫折，所受的苦，都是为了将来更加优秀。但有一个前提我们需要铭记，那就是正确的引导和培养。孩子越在这个时候越需要父母的陪伴及鼓励，切不可让孩子放弃对困难的抗争。

父母在这个过程中需要对孩子的付出和能量有一个正确的把控和掌握，在孩子拼尽全力仍难以解决问题时，父母可以给予适度帮助。

当然，对于14岁到18岁的男孩，要想让其心甘情愿地去面对困难挫折，并积极努力地去克服，需要有一定的技巧和方法。

首先，父母要给予孩子鼓励。对于不同的男孩可以采用不同的方法：正面激励法。比如"你很棒，我相信你一定行！""这点困难对你来说不算什么，你一定能克服"等。激将法，比如"我就知道你不行，这点困难都把你难住了""如果你真能把这个问题解决了，我就相信你"等。

其次，父母要给孩子给予引导。比如思维方式的引导、看问题角度的引导、正确方法的引导等。但需要注意的是，父母在引导的过程中要把握度，既不能让男孩感觉到轻松，也不能让男孩产生放弃的心理。

总之，从逆商培养的角度讲，我们要的最终效果有二：一是男孩已经拼尽了全力去与困难抗争；二是男孩克服了困难，感受到胜利的喜悦。

第八章

男孩能力成长导图

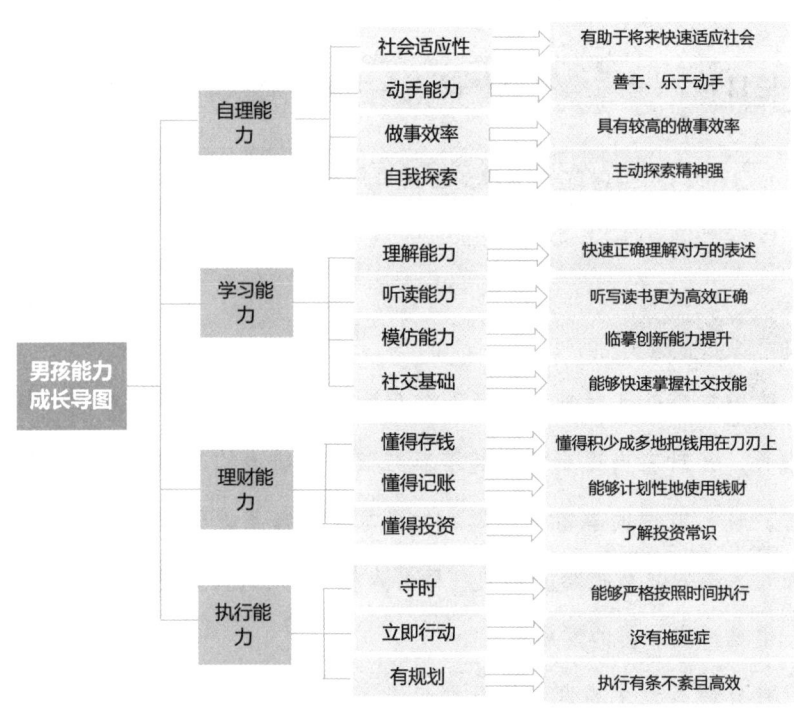

男孩成长导图

自理力：力所能及的事情让男孩自己干

成长目标
1. 让孩子懂得自理能力的重要性。
2. 从生活和学习入手，不断培养和提高男孩子的自理能力。
3. 在自理的基础上，引导男孩从自理走向自立。

开篇导读

孩子在婴幼儿时期，离不开父母的精心照料。但伴随着他们年龄的增长，父母应当逐步树立起培养男孩自理能力的思维，让他们学会自理，自己能做的事情自己做。如果每件事都帮他们做好，这样的男孩在长大成人之后很容易形成"巨婴人格"，对父母、家人的依赖性极强，很难适应社会的发展。

有自理能力才能真正地自立起来。因此，在男孩的人生成长过程中，自理意识和自理能力的培养，是一件非常重要的事情。通过对孩子自理能力的培养，能够较好地纠正男孩对父母的依赖性，也有助于培养孩子独立思考的良好习惯。当男孩能够真正从自理逐步走向自立时，他们的自信心也会增强，更有利于孩子健康茁壮地成长。

第八章 男孩能力成长导图

故事赏析

新学年开始，学习成绩优秀的磊磊，升入了初中。因为学校离家比较远，和大多数同学一样，磊磊选择了住校。

磊磊的父母安置好儿子后，便回家了。谁知他们回家没几天，磊磊班主任的电话就打来了，让磊磊的父母赶快来学校一趟。

赶到学校之后，磊磊的父母从班主任口中得知，磊磊日常的自理能力实在是太差了，饭卡不会用，衣服不会洗，连打开水这样简单的事情，都需要同学帮忙。原来刚进入新学校的磊磊，新鲜劲儿一过去，缺乏自理能力的他，被同学们嘲笑，于是就吵着、闹着要回家。班主任万不得已，只能将磊磊的父母请来。

磊磊的父母听了事情的经过之后，也是满面通红。原来在家里从小到大，他们一直为磊磊包办一切，目的只有一个，只要磊磊能够安心学习，取得优秀成绩就行，没有什么比这个更为重要了。谁知太过心疼孩子，反而让磊磊无法适应校园的住宿生活。

无奈之下，磊磊的父母只好陪着儿子，在学校整整住了一个月之久。期间他们教孩子学习日常生活的基本技能，直到磊磊逐步适应了之后，他们才安心离开。

从磊磊的故事中不难看出，自理能力是孩子自立的基础，做到了自立，孩子才能真正地自信阳光起来，才能更好地适应和融入社会生活。

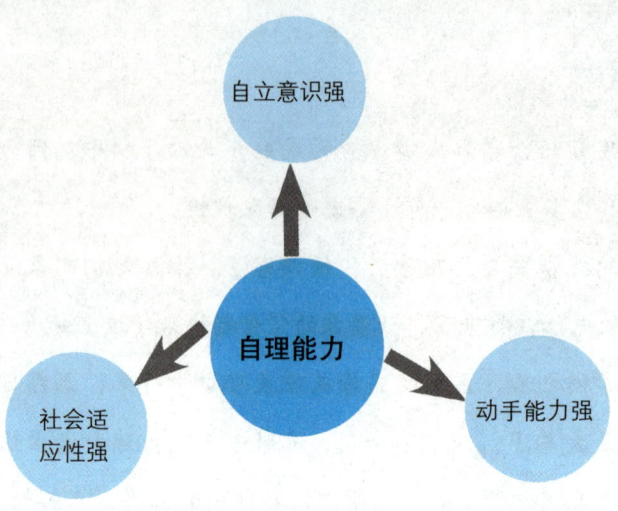

养育方法

第一，从肯定和赞美出发，增强男孩子的自理意识。

男孩不会自理，不愿自理，是在他们的大脑里面还没有自理意识。所以当男孩长到两三岁时，父母在日常的教育中，就应不断地给他们灌输有关自理方面的思维意识。

比如在和孩子对话时，可以不断地鼓励孩子："你是小小男子汉，这点事儿难不倒你。"通过肯定和鼓励的话语，让孩子的脑海里逐步有自理意识的思维，也会利于增强他们的自信心，对下一步培养他们的自理行为，会起到事半功倍的效果。

第二，循序渐进，逐步提升男孩的自理能力。

自理能力的提升，不是一朝一夕的事情，需要父母家长对孩子进行长期的培养引导。

比如刚开始，父母可以让孩子从身边的小事情做起，时时去鼓励他们，"儿子你真棒，竟然可以自己用勺子吃饭了""是你将垃圾放进垃圾桶的？儿子你太懂事了"……

等到孩子有了最简单的自理能力后,再教授他相对难一点的自理技能,从易到难,稳步提高。

精要分享

自己的事情自己做,孩子只有学会自理,才能真正地做到自立,也才能在他们踏入社会之后,更好地适应激烈的社会竞争,以求得生存和发展。明白了这个道理,作为父母,就不能以"心疼"为借口,替孩子包办一切,那样看似一种关爱,实则阻碍了孩子的健康成长,对他们的人生发展,反而会带来严重的负面影响。

男孩成长导图

学习能力：兴趣是男孩最好的老师

成长目标
1. 引导和培养男孩子的好奇心和探索欲望。
2. 对男孩正当的兴趣爱好，要给予鼓励肯定。
3. 从兴趣入手，激发男孩的学习热情，寓教于乐。

开篇导读

"兴趣是孩子最好的老师。"为什么这样说呢？原因在于，兴趣是一种内生的驱动力，能够让孩子们在学习、工作中投入高度的专注力，无论过程多么枯燥，他们都能够乐在其中，始终保持充沛动力，并能在最终做出一定成绩出来。

仔细观察生活也不难发现。对于男孩子来说，兴趣是引导他们积极主动学习的重要因素。当男孩对学习文化知识产生浓厚的兴趣时，他们就会迸发出无限的热情，能够高效率地完成各种学习任务。

反之，当男孩对外界新奇的事物缺乏兴趣时，他们的学习动力就无从谈起，在精神状态上也常会表现得萎靡不振。即使强迫他们去学，也只是做做样子而已，心思完全不在学习上面。由此可知，父母要学会引导、鼓励、激发孩子正当的兴趣爱好，在学习的态度上，促使他们从被动转为主动，不断提升他们的学习能力。

故事赏析

琪琪从小就对围棋产生了浓厚的兴趣。琪琪的爸爸对于儿子的这种兴趣爱好，不仅没有干涉，反而还鼓励儿子在学习之余，抽出时间练习棋艺，提高下棋的水平。因为在琪琪的爸爸看来，儿子的这种兴趣爱好，是一种益智健脑的正当爱好，要给予鼓励和支持。

有了爸爸的鼓励，再加上自身的兴趣爱好，琪琪的棋艺水平得到了快速提升。当全市举办青少年围棋大赛时，琪琪代表学校参赛，获得了一个好的名次，为学校争得了荣誉。

虽然练习棋艺占据了琪琪不少的业余时间，然而琪琪的学习成绩不但没有拉下来，反而还稳步提升。原来通过下棋，琪琪的大脑得到了合理的开发锻炼，他非常喜爱独立思考，在学习的过程中，也总是能够做到举一反三，触类旁通。这一点，也让身边的同学们羡慕不已。

琪琪的故事告诉我们，兴趣爱好是男孩成长过程中最好的老师。鼓励、培养男孩子正当的兴趣爱好，激发他们的好奇心和探索兴趣，对提升男孩的学习力有着莫大的益处。

古往今来，凡是能够做出一番伟大成就的人士，很大程度上，都和他们自身的兴趣爱好有关。爱迪生热爱发明，积极投身发明事业，一生中发明成果无数；爱因斯坦痴迷于物理学的研究，提出了相对论等著名物理学理论，促进了现代科学的发展。所有这些事例，都充分说

男孩成长导图

明了"兴趣是人最好的老师"这样一个道理。

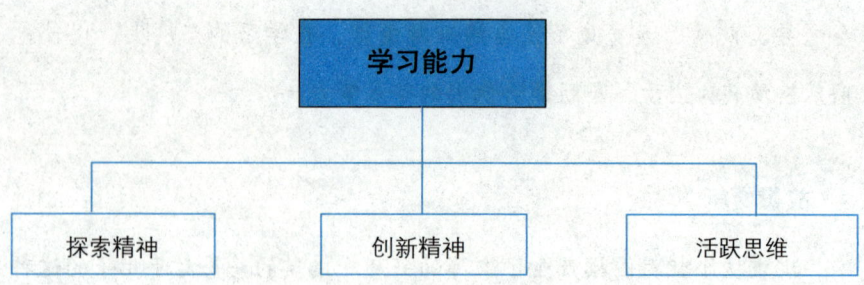

 养育方法>>

第一，平日里多观察，从中发现男孩的兴趣爱好和天赋。生活中，孩子对于外面的世界总是充满了强烈的好奇心，总爱问一些"为什么"。对于孩子的提问，父母不要觉得不耐烦，实际上很多时候，孩子的兴趣和天赋，都蕴藏在这些"为什么"的问题中。

第二，因势利导，因材施教。 引导孩子的兴趣爱好，向着积极、健康的方向发展。当父母从男孩子的身上，发现了他们的兴趣爱好后，不要急于求成，而是应当因势利导，逐步引导孩子的这些兴趣爱好，激发他们强烈的求知欲，助力他们成长成才。

当然，每一个男孩子的兴趣爱好都不相同。有些男孩喜爱绘画，有些喜爱书法，有些对机械制造有着浓厚的兴趣，还有些痴迷化学。孩子身上表现出来的任何一种正当的兴趣爱好，父母都应因材施教，切不可强迫孩子做一些他们不喜欢的事情。

精要分享

达尔文在自传中，曾说过这样的一段话："就我记得我在学校时期的性格来说，其中对我后来产生重大影响的是：我有着强烈而多样的趣味，沉溺于我感兴趣的事物，喜欢了解任何复杂的问题和事物。"

对于正处于成长过程中的男孩子来说，也是如此。当他们正当的兴趣爱好得到激发和培育之后，他们自身的注意力、专注力以及学习能力，也会在这样的一个过程中得到全面提升，无论面对任何困难，总能以百倍的热情、无畏的信心与勇气，去克服和战胜，不惧挫折和失败，从而获得人生的成功。

男孩成长导图

执行力:优秀的男孩是行动家,非空想家

成长目标

1. 让男孩明白培养个人执行力的重要意义。
2. 纠正男孩身上做事拖拉、懒散的行为特征,培养他们的自律性与执行力。
3. 把执行力当作一种日常行为习惯,做一个真正的行动家。

开篇导读

生活中,很多男孩拖延行为很严重。当天的家庭作业,一直拖到晚上快要睡觉的时候,才慌慌忙忙想起来要去完成;暑假作业,也是非要等到开学前两天才想起来要去做;每个学期都给自己制定了成绩目标,然而每一次都没能圆满完成……

凡此种种,为什么男孩子总是一个口号喊得震天响的空想家,而不是一个脚踏实地的行动派呢?

其中的关键原因,就在于男孩身上的执行力不够,缺乏必要的自律性,在行动上缺乏真正的落实,始终停留在口号和空想上面,最终导致他们一事无成。从这个意义上说,低执行力,会毁掉一个男孩子的一生。

  亮亮的身体略微胖一点，他希望通过运动锻炼的方式减重，同时提高自己的体育成绩，放了暑假的亮亮，决定每天在小区里坚持晨跑。

  按照亮亮的计划，早上六点起床，先去外面跑步锻炼，回来后吃完早餐，然后开始复习功课，劳逸结合，张弛有度。

  亮亮的计划看似完美无缺，但是在执行的过程中出现了问题。早晨，当闹钟准时响起的时候，睡意蒙眬的他却困得不想起床。有时候，亮亮还会为自己不起床找借口。诸如今天下雨了，明天风太大。总而言之一句话，亮亮的运动锻炼计划制订一个星期了，他还没有真正地去跑一次步。

  其实，对于亮亮的行为，亮亮的爸爸一直在暗中默默地关注着。他对儿子非常了解，日常生活中的他，执行力很低，而这次亮亮主动制订运动锻炼计划，他的爸爸先是默不作声，等到亮亮的行动计划一直迟迟得不到落实时，他和亮亮来了一次语重心长的长谈。

  爸爸告诉亮亮，优秀的男孩子，都拥有超强的执行力，而不是仅仅停留在毫无意义的口号上面。谈话中，爸爸还给亮亮讲了很多古今中外执行力强的名人故事。最后爸爸告诉亮亮，从明天起，他会监督亮亮计划的落实情况。

  在爸爸的监督下，亮亮果然自律了很多。只是在一开始，被督促起床跑步亮亮感觉有些被动。但是等他坚持了半个月之后，亮亮的态度从被动转为主动，不用催促，他就早早起床准备，也养成了一个良好

的自律好习惯。

亮亮的故事告诉我们,高度的自律性,是提升执行力的重要基础。一旦养成了自律的好习惯,做事就会积极主动起来,也才能更好地把握自己的人生。

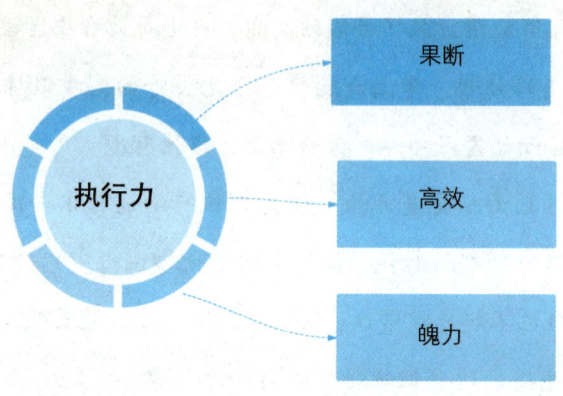

养育方法

第一,让男孩有较强的时间观念。男孩的天性贪玩爱动,所以生活中的他们,内心里面的时间观念较弱,对于计划中要去做的事情,容易拖延,迟迟得不到执行。明白了男孩子身上的这种特性,在平日里,父母就应当采取一定措施,逐步引导他们提升时间观念。比如做一件事情,必须在规定的时间内完成,如果每件事都能这样做,男孩的执行力就能够得到充分的保证。

第二,帮助孩子制订合理的学习计划,增强他们的执行力。从男孩上小学开始,父母就应当协助男孩制订合理的学习计划。计划的制订,要遵循一定的学习规律,绝不能急于求成,让孩子在稳步提升自我学习能力的同时,加强自我管理,养成一个较好的执行能力。

第三,父母要以身作则,成为孩子提升执行力过程中的"榜样示范"。很多男孩没有一个好的执行力，和父母的言行举止有着莫大的关系。父母执行力差，做事拖沓，又怎么能够要求孩子也有一个较强的执行力呢？要知道，在人生的成长过程中，父母是孩子最好的老师。所以父母要从自身做起，给孩子做一个好榜样，在潜移默化的影响下，有助于提升男孩的自我的执行力。

精要分享

执行力是一种能力，更是一种态度……空谈误国，实干兴邦。

仔细观察生活，任何一个人想要做出一番伟大的成就出来，成长为国家的栋梁之材，必须让自己拥有强大的执行力，而不是空洞地喊一些华而不实的口号。

所以从执行力的本质看，执行力实际上是一种强大的专注力、主动性和强大的自我管理能力。优秀的男孩子，也一定是一个高度自律、做事积极主动的好少年。

男孩成长导图

理财能力：少壮不理财，老大财不理你

成长目标
1. 培养男孩自小树立正确的金钱观。
2. 培养男孩的理财能力。
3. 树立储蓄意识，逐步学会使用金融工具。

 开篇导读

现代社会，个人的理财能力和必要的财商意识，是一种非常重要的生活技能和思维观念。尤其是对于男孩来说，他们日后是一个家庭的"顶梁柱"，所以培养男孩子的理财力，其重要性不言而喻。

再者，从小就注重对男孩理财能力的培养，提高他们对金钱的认识，有助于他们养成正确的金钱观念和良好的理财行为与习惯。

更为重要的是，理财能力是一种非常重要的生存能力。"授人以鱼，不如授人以渔"，让男孩子掌握理财能力，不仅有益于他们的人生成长，也能充分保证他们独立生活后的生存质量。

第八章 男孩能力成长导图

故事赏析

康康是一名小男孩，不过很长一段时间，他一直对钱没有什么概念。

比如他去买东西，有时拿起来就走，根本不知道要支付费用。有时候父母带康康去超市购物，康康总是挑选自己喜欢的食物饮品，却从不看上面的价格标签，什么"经济实惠"什么"节约意识"，在他的脑海里从来就没有这个概念。

有一次，康康的父母参加学校组织的"给孩子灌输理财观念"的分享课中，认识到了及早培养孩子理财观念的重要性。

此后，结合儿子的实际情况，康康的父母决定要培养孩子正确的金钱观，让他养成良好的理财意识。

一番商量后，康康的父母决定从儿子的"压岁钱"入手。于是康康的父母就告诉儿子，他们帮着康康将这几年的压岁钱购买理财产品，本金和所有收益都归康康所有，过程透明公开，也让康康参与其中。

对于父母的建议，康康也有点小激动。就这样，在父母的指导下，康康将所有压岁钱拿出来，在手机上购买了银行的理财产品。每一个月的收益稳步增长，康康看在眼里，也非常有成就感。

除此之外，康康父母还鼓励儿子，爷爷、奶奶过生日时，康康要自己花钱购买一些营养品，作为晚辈的一份心意。当然，这笔钱要从康康的理财款项中支出。

在父母的悉心培养下，康康渐渐有了初步的理财意识，也明白了

金钱的来源和用途。从此之后,康康不仅变得节约起来,而且更乖巧懂事,和父母长辈的关系也非常融洽。

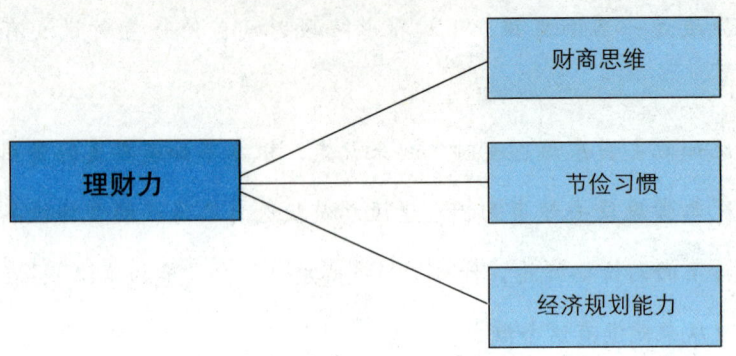

养育方法

第一,从男孩小时候开始,教会他们认识各种硬币和纸币。想要让男孩子树立理财意识,养成正确的金钱观。首先要让他们对钱币有初步的认识,脑海里有"钱"的概念。因此在男孩小的时候,父母就应有意识地教他们认识硬币和纸币,当男孩对钱币有了一定的概念之后,他们的理财意识也会逐渐形成。

第二,每个月给孩子一定的零花钱,让孩子自己独立支配。父母不要过度地管控孩子在钱财上的花销,适度、适当地给孩子一些零花钱,做好监督工作即可。比如可以建议孩子建一个零花钱的账本,从每天花销记录开始,逐步培养男孩节约意识和初步的理财能力,让他们明白钱财的用途,也懂得在日常消费上要有所节制。

第三,利用课外业余时间,去兼职赚钱,在实践中锻炼理财能力。有条件的男孩可以趁着寒暑假从事一些兼职工作,体会赚钱的艰辛和不易。在这个过程中,会慢慢培养出他们对待金钱的正确观念,也会让他们珍惜用劳动和汗水换来的"成果"。思维成熟了，正确的理财理念便会树立。

精要分享

作为男孩子，让他们从小就树立正确的金钱观，摒弃拜金主义和奢靡无度的不当行为，逐步了解社会经济运行的大致状况。在这个过程中，一步步培养孩子养成良好、健康的理财意识，不仅能够让他们通过了解财富的流转规律受益无穷，而且对孩子的智力、情商都有着莫大的益处。

男孩成长导图

附 9-14岁：发展解决问题的能力

这个世界上，没有父母不疼爱自己孩子的，从孩子呱呱坠地的那一刻起，父母就成了孩子成长过程中的"守护神"，愿意拼尽全力，给孩子遮风避雨，让他们能够在关爱中健康茁壮成长。

但父母还需认识到的是，我们虽然可以给孩子无尽的温情和爱，然而随着孩子逐步长大，很多事情父母都无法替孩子包办，反而需要孩子去独自面对，独立完成。

因此，父母对孩子仅有爱是远远不够的，我们要在他们最为宝贵的青春期，鼓励他们，肯定他们，培养和教会他们独自解决问题的能力，让他们尽快真正地成长、成熟起来，让他们拥有独自生存的能力，才是父母给予孩子最好的爱。

尤其10岁左右的孩子，已开始步入青春期，他们渴望成熟、独立和自主，情绪也很敏感，这就意味着孩子长大了。那么对于9岁至14岁处于青春期前期的孩子，该如何培养他们解决问题的能力呢？

第一，日常生活中，父母尽可能地将解决问题的机会留给孩子。

培养男孩子独自解决问题的能力，一定是越早越好。原因很简单，一旦男孩子长大后，性格、性情定型了，这时面对困难懦弱、畏惧的心理行为就很难扭转。

明白了这一点，父母在男孩还小的时候，就要注重培养他们解决问题的能力，也要尽可能地将解决问题的机会留给孩子。比如孩子的玩具掉在了地上，鼓励他们自己动手捡拾；孩子走路摔倒了，只要没受到过大的伤害，父母就让孩子自己爬起来。

所有这些，都是在有意识地培养孩子独自解决问题的能力，父母千万别"越俎代庖"。要知道，孩子越少求助父母，就越能从"自我锻炼"中摸索到经验教训，并从中获得满足感和成就感。

第二，培养孩子主动思考的能力，不要事事处处替孩子做决定。

生活中，那些能独立思考的孩子往往有定力、有主见，任何事情面前不跟风，不盲从，有自己的见解和处事方法。

反之，有些父母出于"好心"，在生活、学习上过多地干涉孩子的一切，反而将孩子主动思考、积极解决问题的能力在无形中给扼杀了。

第三，懂得鼓励和肯定。

孩子在自己做决定或独自处理问题时，有时限于能力或经验上的不足，会出现这样或那样的错误。对此父母千万不能去嘲笑、讽刺打击孩子，那样会导致孩子产生逆反心理，影响到他们心理的健康发展。

正确的做法是鼓励和肯定他们，告诉他们失败了不可怕，努力站起来勇敢无畏地前行，做一个真正的小小男子汉。在鼓励和肯定中，孩子敢于解决、勇于解决问题的能力就能得到很大的提升。

第九章

男孩品德成长导图

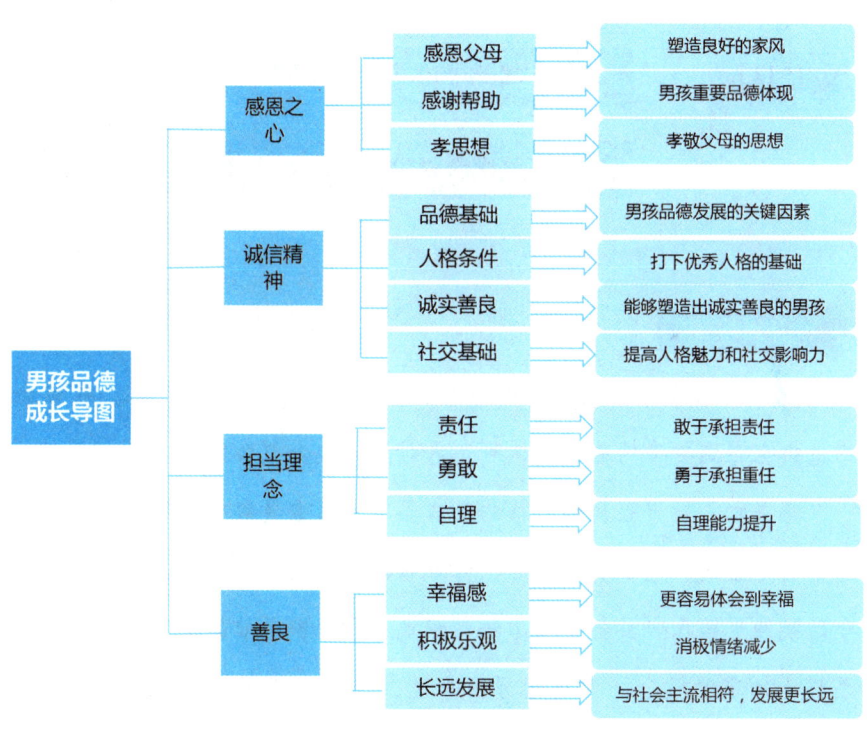

感恩：要感恩于心更于行

成长目标
1. 明白父母工作的辛苦，理解父母工作的意义。
2. 初步理解中国孝文化。
3. 养成接受帮助时心怀感激的意识。

 开篇导读

懂得感恩的男孩在成长的道路上，父母会少操很多的心，在社会中也将会得到更多的尊重和认可，人脉资源也会更加稳固。

感恩之心对男孩良好性格的形成具有非常重要且积极的影响，男孩通常较为活跃，在6岁左右时，部分基础性格已初步形成，也就是说这个时候的男孩已经具备了基本的观察能力和分辨是非的能力。感恩是一个较为抽象的概念，而对于男孩来说，他的抽象思维要比女孩更强一些，所以在这个年龄段，培养男孩感恩之心并融入到性格当中，最为合适。

第九章 男孩品德成长导图

故事赏析

有个六岁的小男孩特别喜欢吃螃蟹。这天周末,母亲带着他去超市买菜,男孩看见肥大的螃蟹,就闹着让妈妈买一些。

男孩的家庭非常普通,爸爸妈妈都是普通上班族,生活较为拮据,尤其想到儿子以后上学所需,在生活中一直是省吃俭用。儿子要吃螃蟹,由于价格超出了预算,妈妈便打电话征求爸爸的意见,爸爸听了后果断地说:"买,儿子想吃必须买!"于是,妈妈买了四只螃蟹。

回到家,爸爸还没有下班,儿子闹着要吃,妈妈便把螃蟹蒸熟,其中两只给了儿子,另外两只准备留给自己和孩子爸爸吃。谁知儿子一口气吃掉了两只螃蟹,并哭着闹着要吃另外两只,妈妈告诉他另外两只是留给爸爸和自己吃的,可儿子却理直气壮地说:"这是你给我买的螃蟹,你们不能吃!"

经不住儿子的哭闹,妈妈只好将剩下的两只螃蟹都给男孩吃了。

爸爸回家听到此情况,责怪妈妈太纵容儿子,妈妈反驳说,儿子非要吃自己也管不住……

孝敬父母是中华民族的传统美德,是做人的起码要求。不会孝敬父母的人,在社会上就不会宽容别人。很多优秀的人都是懂得感恩、孝敬父母的人,那么,我们该如何培养一个有孝心的男孩呢?

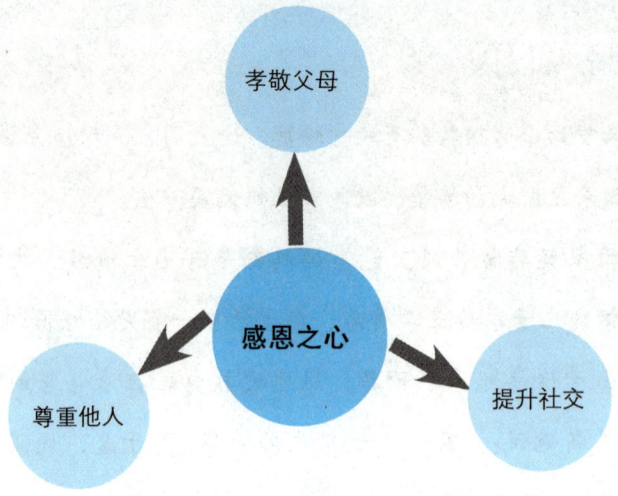

养育方法

第一,营造感恩型家风。将感恩教育融入家风环境中,清晰的长幼尊卑的家庭环境,会让儿子明白父母是长辈,是家庭的支柱,应该长幼有别;父母应以身作则,构建充满感恩的家庭环境,在耳濡目染中,让孩子对父母产生敬重感,孝敬心。

第二,进行感恩训练活动。勿以善小而不为,首先,可以通过各种活动引导并激发孩子的感恩心态,以身示范引导孩子说谢谢等,让男孩明白为什么要感恩,感恩的意义是什么。其次,让男孩充分了解父母为他和家庭付出的努力和辛苦,在条件允许的情况下,可带儿子参与其中。

第三,及时肯定孩子的感恩行为。肯定是对男孩成长最好的激励,当孩子表现出感恩行为时,父母要及时进行鼓励和正向引导,尤其是在培养初期,这一点非常重要。肯定的方式也不用太夸张,比如可以说"宝贝真懂事""宝宝长大了,知道关心妈妈了"等。当孩子的感恩行为成为一种习惯后,这种肯定方式可逐渐去掉,否则孩子会产生依赖,甚至流于形式。

> **精要分享**
>
> 　　引导孩子从小学会感恩,并把感恩之心转化为成长动力,确实十分必要。但是,感恩教育的效果如何,要看有无感恩之行、程度多深,仅靠一堂课、一次煽情的演讲,可能当时让人热血沸腾,但一旦走出课堂,很快就淡忘了。
>
> 　　让男孩学会感恩、懂得感恩是每个家长在培养孩子成长之路上的必修课,更是我们将来与孩子良好沟通的积极要素,只有懂得感恩的男孩,才能深知父母之辛苦。

男孩成长导图

诚信:男孩立足于社会之本

成长目标
1. 培养男孩诚实的品德。
2. 培养男孩讲信用的品德。

开篇导读

诚信是一个人优秀的品德,是做人之本,更是其在社会生活中安身立命的根本。没有任何一个人喜欢与缺乏诚信的人做朋友、打交道。人无信则不立,所以,每一个男孩子都需要具备诚实守信的品德。

故事赏析

星期天,明明的爸爸打算在家好好休息一下,哪里也不去,当然也和明明沟通过,并达成了一致意见。

早上正在吃早饭,爸爸的电话响了,明明爸爸边吃饭边按免提接听。是李辉叔叔打来的,李辉是一个很爱拍领导马屁的人,所以明明爸爸并不喜欢和他打交道。李辉叔叔打电话说希望和明明爸爸一起去一位领导家做客。明明爸爸听了之后不好意思拒绝，于是说："我今天约了一位非常重要的客户，所以抱歉不能和你一起去……"

明明听说爸爸今天约了客户，很惊奇地看着爸爸，等爸爸挂断电话后问："今天你不是哪里也不去吗？怎么会约了客户呢？"

爸爸解释了半天，六岁的明明也没理解是什么原因，明明坚定地认为，爸爸向李辉叔叔说谎了……

很多父母可能都会遇到这样的尴尬，教孩子诚实守信不说谎容易，但向孩子解释一些善意的谎言却很难，尤其是年龄较小的男孩，他们的理解能力、智力、社会经验不足，根本无法理解谎言还分善意和非善意。

所以，我们在培养孩子诚实守信的过程中，首先要以身作则，自己要做一个诚实守信的人，有些善意的谎言不要当着孩子的面讲，或者换一种方式表述。

除此之外，我们该如何培养孩子诚信的品德呢？

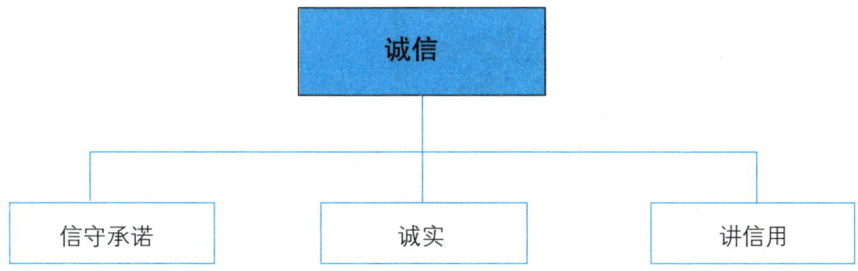

养育方法

第一，从小培养。父母要求孩子从小说真话，不说假话，做错事要勇于承认，对于一些说谎的行为，父母要态度明确地予以谴责，让孩子认识到说谎是错误行为，是会受到惩罚的。

第二，营造诚信的家庭环境。家庭成员之间要相互信任，父母对孩子的承诺要及时兑现。要知道环境影响行为，尤其是对于未成年的男孩来说，在什么样的环境下他就极可能会成长为什么样的人。从小被诚信滋养的男孩，他会变得诚信。

第三，以事育人。父母可以经常与孩子分享一些诚信的故事，然后一起分析其中的利弊，为什么要这样做？应该怎么做？从而让男孩明白什么是诚信，什么才是欺骗。

第四，正面引导。 如果发现孩子有不诚信的行为，父母切不可用打骂、体罚的方式进行教育，这样很容易造成孩子为了躲避责骂而继续说谎。首先，父母应问清楚原因，男孩为什么要这么做，在了解原因后对症下药，进行理性教导。

> **精要分享**
>
> 诚实守信是中华优秀传统文化的重要内容，是社会主义核心价值观的重要方面。从道德模范，到最美人物，到中国好人，一批批诚实守信模范不断涌现，拾金不昧、一诺千金、毕生坚守等行为和品格被人们点赞，被广泛追随。人们也欣喜地看到，这些诚实守信的个人和企业，不但赢得了社会的尊重和信任，更获得了持续发展的动力和支持。

男孩成长导图

担当：担当是男人的责任

成长目标
1. 具有责任心。
2. 敢于承认错误。
3. 勇于承担责任。

开篇导读

俗话说："机会是留给有准备的人的。"而一个人的担当是机会"准备"中不可缺少的因素。每个男人都要有担当，这是做一个顶天立地男子汉的基础，也是作为男人的责任。而这份责任不是与生俱来的，是通过后天磨炼培养的。一个男孩如果从小就没有担当，那么长大后大概也不会有担当，遇到事情只会逃避、推脱，很难在社会中立足。

 故事赏析

这个故事发生在1922年，在美国国庆日来临前夕，美国实行了禁止燃放烟花爆竹的禁令，有一个11岁的小男孩却得到了一些威力较大的鞭炮。

| 第九章　男孩品德成长导图 |

这个男孩很想试试这种鞭炮的威力，于是，这天他带着鞭炮来到了一座桥上，点燃一个便扔到了桥底。一声巨响激起了很大的水花，男孩看到这景象兴奋不已。同时，警察也迅速赶了过来，因为违反禁令，男孩被带到了警察局。

男孩的父亲在当地是一个非常有名的人，了解了事情的原因后，父亲并没有要求警察特殊处理，而是严格按照禁燃令的规定交了罚款，将小男孩带回了家。

回到家后，父亲严肃地对小男孩说："今天因为你做了错事而受到罚款，这个罚款我替你交了，不过以后你要打工赚钱还给我。"

后来，这个男孩做了很多工作才还清了这笔钱。

这个男孩就是曾任美国总统的里根。

显然，这件事情让里根懂得了担当、明白了责任。

一个有担当的男孩，他不会惧怕任何事情，反而能力会得到更快的提升，个人会得到更好的发展，和同龄人相比，更能做到"在什么地方跌倒在什么地方爬起来"！

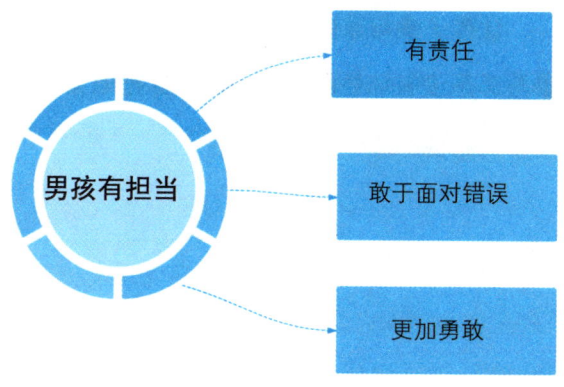

养育方法 >>

第一,有错自改自承担。孩子做错事让他自己承担相应的结果,并为之买单,或者自行去解决。当然,这种方式要根据男孩的年龄及其能力而适度使用。比如5岁的男孩在玩耍中弄坏了电视,首先让其认识到错误,而后责罚其一定时间内不能看电视。8岁的男孩玩水将地板弄脏了,可让男孩自己去打扫干净。

第二,做家务,早"当家"。让男孩及早地参与到做家务的工作当中,也可以玩"小鬼当家"的游戏,让男孩体会当家的责任与担当,在行动中磨炼担当意识。

第三,筑牢男孩担当的自信心。挖掘男孩与同龄人相比关于担当的优点,然后实时赞美。比如男孩扶起了摔倒的小女孩,父母可以及时赞美"你做得很棒,很有担当"。让担当种子在男孩心中生根发芽。

精要分享

让孩子参与家中大事,不管他学习是什么状态,让他参与总是没有坏处的,起码表明你把他当大人对待了,他就会担起他的那一部分责任。

第九章 男孩品德成长导图

明辨是非，端正成长

成长目标
1. 掌握辨别是非的原则。
2. 明白对待是非的态度。
3. 具有辨别是非的能力。

开篇导读

是与非是和谐社会秩序的边界，是道德的准绳，是对错的辨别根据，判别是非的依据不仅是个人的好恶、兴趣、情感等，还有法律和道德。明辨是非是每一个社会人都应该拥有的能力和品德，对于男孩来说，更是君子魅力的重要体现。

故事赏析

有一位奶奶带着三岁的孙子在小区玩，一个四岁的小女孩拿着一个玩具汽车在旁边玩。小男孩看到小女孩的玩具汽车很好看，于是走到小女孩身边一下子便抢了过来，而奶奶却没有任何阻止行为。

小女孩看到自己的玩具汽车被抢，刚开始有点懵，随后便大哭起来。小女孩的妈妈听到女儿哭声马上跑了过来，弄清楚原因后，妈妈走到小男孩身边非常友好地说："小朋友，你不可以抢别人的东西哦！"

女孩妈妈试图将玩具汽车拿回来，而小男孩却哭了起来，男孩奶奶见状便有点生气地对女孩妈妈说："你让我们家孩子玩一会儿咋了，又不是不还你！"

女孩妈妈听了立刻生气了，拿起地上的玩具汽车说："未经别人允许拿走别人的东西是错误行为，阿姨您这样溺爱孩子是害孩子……"

类似的事情在我们身边时有发生，明明是孩子做错了，长辈却因为溺爱，不教育孩子，反而把责任往别人身上推，这让孩子在很小的时候就缺乏辨别是非的观念。

一就是一，二就是二，在是非问题上，不管男孩的年龄多大，父母在教育的过程中一定要明确，不可含糊，从小养成是非意识，做正确的事。

养育方法

培养孩子明辨是非的能力，可参考以下几点：

第一，图文培养。 通过阅读相关书籍或者观看影片等方式，来训练男孩的观察力、分析力、判断力以及明辨是非的能力。比如我们可以问孩子："他们在做什么呢？""他们这样做对吗？""为什么呢？"通过提问与回答，可提升孩子辨别是非的能力。

第二，游戏训练。 通过游戏的形式向孩子灌输正确的行为。比如玩坐公交车的游戏时，通过给老人让座与不让座的行为，让孩子明白其中的对与错。

第三，父母坚定是非态度。如案例中的那位奶奶，她的行为完全是错误的。无论男孩多大，无论事件多小，父母一定要有坚定是非的态度，不能在是非表述中模棱两可。孩子做错事，要坚决制止并说明原因；孩子做好事，要及时鼓励给予肯定。

> **精要分享**
>
> "明辨"，是正确的世界观、人生观、价值观的重要内容。用中国传统的体用观念来解释，"三观"是体，是非观念则是"三观"基础上的价值判断；同时，明辨是非也不等于简单地判断对错，正如朱熹所说："凡事皆用审个是非，择其是而行之。"是非不是绝对的、机械的，要因事而论、因时而动，其判断结果要能够指导实践。因此可以说，学是明辨的基础，思是明辨的过程，鉴是明辨的方法，行是明辨的深化。做好明辨这门功课，青年人就能始终保持清醒的头脑、坚定的立场和矢志不渝的信念。

附　9-14岁：谈谈追星和偶像崇拜

大多数男孩在9岁至14岁期间，便会有自己的偶像，开始追星。那么，男孩应该追星吗？追星对男孩的成长会产生什么影响呢？

大多数父母对男孩追星的行为是理解的。据《中国教育报》报道，

有机构曾做过一个问卷调查，显示有近四成的家长表示自己的孩子喜欢娱乐偶像。然而，一些艺人会做出一些有违社会公德甚至违法犯罪的事情，这给当下男孩的成长起到了很坏的示范作用。

当然，并不是说青少年不可以追星。中国传媒大学新闻学院传播心理研究所所长陈锐表示：青少年本身处于叛逆期，追星其实也是青少年自我认知的需要，可以通过喜欢不同的明星来表达自我，对喜欢的明星进行定义及表达自己的态度。但是，在男孩追星的过程中，父母需要给予正确的引导，否则容易走偏。

首先，父母要向男孩灌输正确的追星观念。告诉男孩我们追星追的是明星身上积极努力、为梦想坚持的正能量，而不是他们的颜值。这样可尽可能地保证在孩子所追的星出现失德问题时，孩子的价值观不会受到影响。

其次，应该追什么样的星。引导男孩以科学家、爱国志士为偶像，向他们学习，学习他们努力拼搏的精神，不屈不挠的意志等，这样，对树立孩子正确的价值观有着重要的意义。

总之，在男孩追星的时期，家长要正视他们特殊的生理和心理成长，正确引导和更多陪伴，尽量减少男孩对偶像的迷恋度，让男孩健康成长。

第十章

男孩思维成长导图

男孩思维成长导图	探索思维	想象力 → 想象力决定创造力
		激发好奇心 → 好奇激发兴趣
		自动自发性 → 主动思考意识
		探索意识 → 不断激发探索的意识
	逻辑思维	捋顺思维 → 具有清晰的思维
		表达缜密 → 提升社交表达能力
		思考效率 → 提高思考的效率
	创新思维	创造意识 → 善于创造的习惯和意识
		发明能力 → 能够培养创造发明思维
		做事效率 → 创新提高工作效率
		成功率 → 创新提高成功率
	换位思考	理解他人 → 能够理解认识他人的想法
		平衡情绪 → 通过理解平衡情绪
		提升合作 → 通过理解包容合作
		自我认识 → 通过对比认识自我

男孩成长导图

探索精神让男孩与众不同

成长目标
1. 激发并保持男孩的好奇心理。
2. 让男孩具有探索意识。
3. 对解决问题或困难充满兴趣。

 开篇导读

为什么？为什么？……

喜欢问"为什么"，几乎是所有小男孩的"爱好"，甚至有些"为什么"让我们"无言以对"，比如：我们为什么要吃饭？为什么奥特曼不存在……

从其行为看，这代表着孩子自我意识的形成，语言表达能力的提升；从思维角度看，这是孩子好奇之心的萌发，正是培养孩子探索思维的最佳时期。

故事赏析

在某卫视的"真人秀"节目中,某明星分享了这样一个育儿经验。

该明星说,他之前最害怕孩子刨根问底地问"为什么",因为有些问题他自己都不知道该怎么回答。比如有一次儿子问他:"爸爸你去干什么?"

他说:"我去摘菜。"

儿子问:"为什么要摘菜呢?"

他说:"因为我要给你做饭?"

儿子问:"为什么要给我做饭。"

他说:"因为爸爸爱你哦!"

儿子接着问:"为什么爸爸爱我呢?"

……

这样的对话让他很崩溃。但是有一天晚上,父子躺在床上聊天时,又进入了"为什么"的无限循环。儿子问:"为什么灯会发光?"

他说:"因为有电。"

儿子接着问:"为什么会有电呢?"

这时,他有些不耐烦地说:"你告诉我为什么。"

儿子若有所思非常认真地说:"幼儿园的老师告诉我们,太阳能够发电,我觉得是太阳发的电吧。"

这时他明白了,原来孩子总问"为什么",是因为对这个世界充满了好奇,是在探索这个世界。

随着男孩的成长,思维也在不断地发展,通常男孩在三岁以后,

"为什么"就会日益剧增,这个时候,如果父母不能正确理解孩子的这种行为,便会打击男孩的好奇心理。如果不能正确引导,男孩的探索欲就不能得到很好的发展。

拥有探索精神的男孩,是对事物充满好奇心的男孩,它能够让孩子自动自发地去了解世界,可以培养出男孩善于克服困难的品质,同时,更能够推动男孩逻辑思维的充实发展。那么,我们该如何维护并培养男孩的探索精神呢?

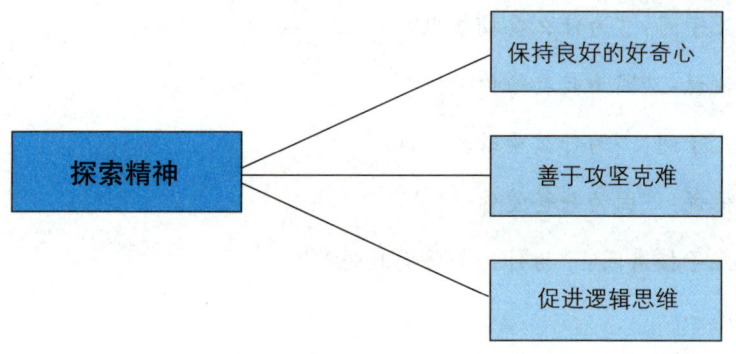

养育方法

第一,在保证男孩健康安全的情况下,不要阻止男孩的探索行为。男孩自我意识的建立通常在 18 个月之后就会有所凸显,从此,男孩可能会伸手去拿去摸任何东西,以此来表达对这个世界的好奇。这时,只要不危及孩子安全,不影响孩子健康,就让他去感受便是,以便为男孩的探索精神敞开大门。

第二,男孩在玩的时候尽量不要帮忙或者打断。比如男孩在玩积木时,我们看到他搭起来,倒了,然后再搭,明显是顺序排列不对造成的,这时有些大人看着着急,便会上去指导孩子或者帮助孩子。我不建议父母这样做,因为男孩在玩的时候是有自己的思维和想法的,尽管这个思维不对,但他一直在探索尝试。如果上前打断,就等于打断了男孩的探索思维。

第三,对于男孩的"破坏"要正确对待。男孩总是喜欢破坏一些东西,比如把玩具车拆了,在墙上进行涂鸦等。对于此种情况,最好的方式是引导而非批评。比如告诉孩子:"如果你能把玩具车装好,你就是最棒的!""原来你这么喜欢画画,明天我给你买一个画板怎么样?"这样,既可以引导孩子做正确的事,又能够满足男孩的探索欲。当然,如果男孩是因为消极情绪而做出的破坏行为,比如因为生气摔东西等,父母一定要严加批评教育,让男孩认识到自己的错误行为,最好能够为此承担责任。

精要分享

学前教育是播种的教育,把情感和探索精神埋在孩子心里,不知什么时候就会发芽开花,为孩子带去一生的幸福。

探索精神在学前教育显然是很重要的。其实除了学前教育,在男孩14岁之前,这种探索精神和思维我们可以作为一个陪伴男孩成长的重要元素去培养。学前没有种下探索的种子没关系,后期的正确培养引导也能够激发孩子探索的积极性。

男孩成长导图

逻辑思维是男孩极具杀伤力的武器

成长目标
1. 语言表达有逻辑性。
2. 做事有条理。
3. 懂得统筹规划。

 开篇导读

逻辑思维是人的理性认识阶段，人运用概念、判断、推理等思维类型反映事物本质与规律的认识过程。简而言之，逻辑思维是人们认识世界、认识事物本质的一个科学、理性的过程。

逻辑思维越强，理解、认识事物的深度、广度就越强，思考问题的效率就越高。所以，对于男孩的逻辑思维决不可忽视，从长远看，逻辑思维的强弱决定着男孩未来生活、发展的状态。

故事赏析

我有一个同事能说会道。有一次开会，他上台发言，一共讲了三分钟，抛出了两个观点，运用了四个数据和两个案例。讲完之后台下所有同事都被感染,个个竖起大拇指,表示充分认可他表述的观点。

紧接着另外一位同事上场,整整讲了八分钟,夸夸其谈说了一大堆,下面同事有些听着听着打起了瞌睡,有些听完之后一头雾水,不知道他讲了些什么。

这就是运用逻辑思维或者逻辑思维强弱的不同,逻辑思维强的人在表达的过程中如同一篇论文,论点、论据、论证都不会少,而逻辑思维差的人可能只讲了论点,没有论据,或者东一句西一句,听者完全不知道他要表达什么。

显然,培养男孩的逻辑思维,可以提升其良好的表达能力,让男孩的表述更具有说服力。

逻辑思维是人们客观认识世界的基本方式,可以让我们保持清晰的思维,从而做出正确的行为决策。

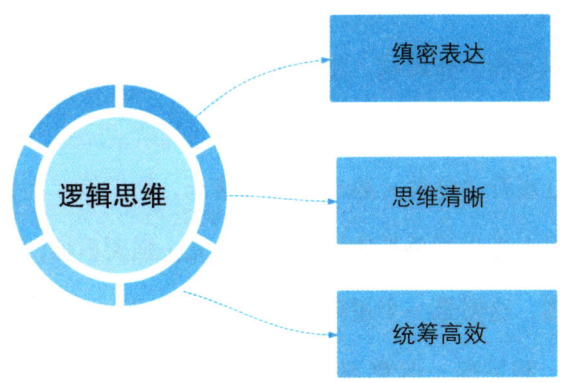

养育方法

不同年龄段的孩子培养逻辑思维的着重点应有所不同。

第一,3岁以下。男孩在0至3岁期间,他们的

思维完全靠感知和动作完成，这个阶段男孩的思维和动作是同时进行的，动作中有思维，思维同时在进行动作，与成人的先有思维而后有动作是完全不同的。所以，对于这一阶段的男孩重点是训练孩子的协调力，比如爬行、翻滚等，这些动作有助于男孩思维的发展。

第二，3 岁至 6 岁。这一阶段的男孩形象思维较为突出，会用已知的东西来思考问题。但立体感和空间感不足，比如我们问他"3+4"等于多少，他们可能反应不过来甚至不会算，如果我们换一种问法，你右手有 3 颗糖，左手有 4 颗糖，一共有多少颗糖，孩子便很容易理解。所以，在这个阶段，我们也不必着急去培养孩子的逻辑思维能力，只要丰富男孩的认知即可。

第三，6 岁至 11 岁。这个阶段的男孩是逻辑思维发展的关键阶段，随着年龄的增长，男孩会逐渐通过表象去思考一些深层次的问题。这时，我们可以采用一些游戏、生活事件、动画故事等孩子感兴趣的东西进行逻辑思维训练和培养。

比如通过观看动画片《熊出没》问孩子，熊大熊二为什么总是和光头强作对？因为光头强总是砍树；为什么光头强要砍树？因为他把树卖掉就能赚到钱，这便是一个逻辑关系。

再比如，和男孩一起整理东西，什么东西属于一类？应该放到哪里？为什么要这样摆放？通过实际操作，来培养引导男孩的逻辑思维。

精要分享

加强逻辑知识教育,对于提升思维综合素养和创新能力,推进我国基础研究水平提升和创新型国家建设具有重要意义。

通过加强中小学教材逻辑知识内容建设,指导学生学习如何发现潜藏的逻辑谬误、运用有效的推理方法、采取合理的论证方法,以推进逻辑知识的普及,训练学生的逻辑思维能力。

显然,教育部在逻辑知识教育方面已经在布局规划。作为家长,我们只有在重视中主动积极引导培养,才不会让孩子输在起跑线上。

男孩成长导图

创新思维有多强,梦想就有多大

成长目标
1. 激发男孩创新的乐趣。
2. 让男孩具有创造的意识。

开篇导读

一个人迈向成功有没有捷径?

在我们大多数人所接受的教育中,成功似乎是没有捷径的,即使有,也是勤奋、努力和坚持不懈。在我看来,一个人的成功是有捷径的,这个捷径当然离不开勤奋、努力和坚持不懈,但这只是基础,最关键是创新。

有些人努力了一辈子仍然默默无闻,而有些人因为一个发明就走上了人生巅峰。这样的例子当今社会比比皆是。而创新发明最重要的是什么?当然是创新思维。所以,培养孩子的创新思维,也就是让男孩子将来走向成功的捷径。

故事赏析

小伟今年六岁,妈妈给他报了一个美术班,一方面是想培养孩子的兴趣;另一方面是在减负的大背景下,能让孩子有点事做,多认识一些小朋友,省得孩子没事做,天天待在家里让她操心。妈妈对小伟学美术并没有抱太大的期望。

转眼间,一个月过去了。这天,小伟拿回来一张他在美术班画的画,画的是一辆有一对飞机翅膀的汽车,而且线条很乱,色彩涂得乱七八糟,不仔细根本看不出是一辆汽车带着一对飞机翅膀在公路上跑。

左上角是老师的评分,用红色笔写的100分非常醒目。

妈妈看到这样的作品这样的评分,又好笑又可气,心想,学了一个月就这?老师的打分还是满分,不禁开始怀疑老师的能力。

于是,妈妈有些不解地将小伟的作品通过微信发给老师,打趣地问:"老师,我实在看不出我们家孩子的画好在哪里!"

老师回复道:"论绘画能力,的确不怎么样,可以说是班里孩子中最差的。但是,我看到了孩子非常优秀的一点,那就是创新思维,孩子能够给汽车画上翅膀,就凭这一点,如果能够正确培养,不仅在绘画中能够出彩,在今后的工作中更容易出人头地。"

妈妈看到老师的回复,似乎明白了其中道理。

创新是什么?创新就是生产力,创新是引领发展的第一动力。在任何时候,创新人才都是非常稀缺的资源。创新如何来?当然需要创新思维来激发。所以说,培养男孩的创新思维,对其今后自我成长、成功有着极大的影响。

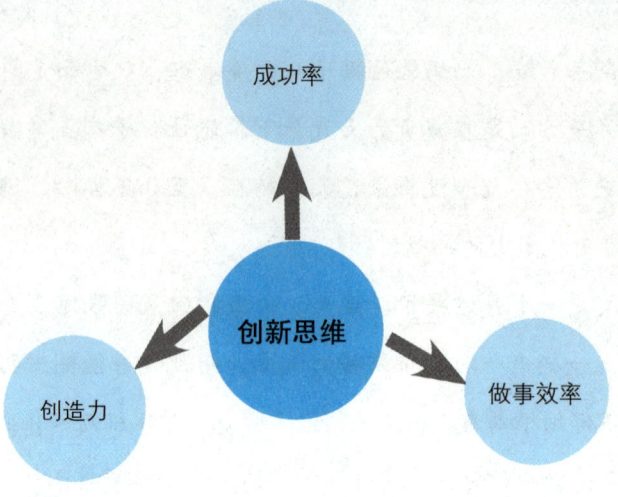

养育方法

有些父母觉得，小孩能有什么创新思维，等大一点再说！其实，男孩3岁的时候就已经开始认识世界，并对一切充满了好奇，而这正是培养男孩创新思维的最佳时机。

第一，问题引导法。通过不同的问题来激发孩子的创新思维。比如"如果你的玩具掉河里了，你会用什么方法捞上来？""杯子除了喝水之外还有什么用途？""如果你今天上学忘记带水杯了，你用什么方法喝水？"等。

第二，故事分析法。讲一些孩子喜欢听的有趣的故事，然后与孩子一起分析解读故事，让孩子用不同的方法解决故事中主人公遇到的问题。比如司马光砸缸的故事，问一问孩子：还可以用什么方法救人？

第三，游戏启蒙法。书籍及网络中有很多培养孩子创新思维的益智游戏，比如七巧板、小小建筑师、创作连环画等。

精要分享

创新素养培育也许没有普遍适用的方法，但是还是有一些基本方法可循的。

一、让孩子要多阅读科技方面的书籍，观看科技方面的影视片。孩子小的时候可以多看一些科学绘本，形成比较丰富的科技知识。

二、要经常带孩子参观科技场馆，参与科技活动和比赛。

三、建设家庭实验室，给孩子玩结构性的玩具。如我们可以在家里弄一个创造发明角，安排一个家庭实验室，只要买一些科学小设备，比如显微镜等探究工具，孩子们就可以自己开展科学研究了。

四、要建立实证和尊重知识的态度。证据是科学的核心，任何无法证明的东西，无论多么正确，都不是科学。科学的态度就是质疑、求证和开放的态度。

五、给孩子提供丰富多样的选择，并积极保护孩子们的兴趣。

六、培养持久的学习能力。伟大的创新都是持续学习、尝试、探索的结果，在某一方面持久的学习是形成大脑多样化的基础，就是所谓的深度学习。

男孩成长导图

换位思考，感同身受才能正确决策

成长目标
1. 认识换位思考的意义。
2. 提升换位思考的能力。
3. 掌握换位思考的方式。

 开篇导读

儿童是一个自我意识非常强的群体，尤其是男孩，在进入青春期后，自我意识会变得非常强烈，凡事只会按照自己的想法去做，从不或者很少会考虑他人的感受。越是在这个时候，大人与孩子之间的矛盾就会越发凸显。父母觉得，而孩子却长大了应该懂事了，孩子固执地觉得，自己的想法没有错，由此导致的结果就是父母觉得孩子越来越叛逆。这个时候，培养孩子换位思考的能力，就显得格外重要。

故事赏析

有一个住在城中村的家庭拆迁了，分了400万现金。家里有兄妹俩，一个哥哥一个妹妹，妹妹出嫁，哥哥也已经成婚。

父母觉得，以后要靠儿子养老，所以给儿子分了300万，给女儿分了100万。父母觉得，这样分很公平，毕竟以后他们要跟着儿子生活。

可是，让父母没想到的是，这样的分法给他们带来了很大的麻烦。儿子觉得，以后自己要养父母，400万应该全部归自己，不应该给妹妹分。而妹妹觉得，同样是儿女，为什么自己只得100万，而哥哥却分到了300万。因此，兄妹俩对父母都颇有不满。

父母生病，女儿觉得当时哥哥分的钱多，应该让哥哥管；儿子觉得400万本来都是自己的，既然分给妹妹100万，妹妹也应该出一份力。

……

这是一个让人伤感的故事，而这样的故事我们经常在新闻中能够看到。兄妹俩都分到了钱，本是一件好事，最后却成了伤害一家人感情的罪魁祸首。

一个非常重要的原因就是兄妹俩都不懂得换位思考。如果哥哥能够站在妹妹的角度思考，都是子女，分给妹妹四分之一确实有点少，定会对妹妹充满愧疚和感激之情；如果女儿能够站在哥哥的角度思考，自己不在父母身边，以后父母要依靠哥哥照顾，哥哥分四分之三是应该的。那么，兄妹俩就不会出现矛盾，父母也不会被不管不顾。

所以，换位思考是让孩子客观正确地认识事物、公平公正处理事情的重要因素。小孩子们在一起玩耍的时候经常闹矛盾，原因就是他们不懂得换位思考。孩子在小的时候我们可以理解，毕竟思维单纯，但当男孩子长到一定年龄，尤其是出现叛逆、不讲道理的矛头时，父母要及时培养孩子换位思考的思维方式，这种思维方式不仅能够解决孩子与小伙伴、父母之间的矛盾，更能够帮助孩子解决很多问题。

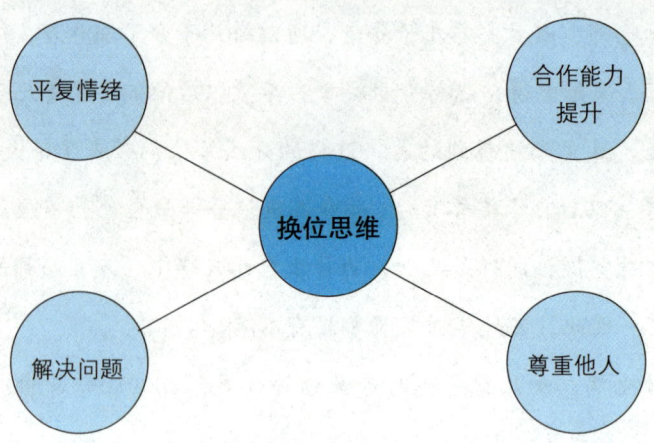

养育方法

第一，多问。在日常生活中，如果自己遇到或听到、看到某些事情，可以先问一问男孩的想法，如："如果你遇到这类事情会怎么办？""如果是你，你会怎么做？"引导孩子站在当事人的角度去考虑问题，从而拓展男孩的思维。

第二，多做。鼓励孩子多参与一些集体性的活动，类似的活动能够培养出孩子良好的集体意识，同时也能够快速了解换位思考的意义和掌握换位思考的思维方式。

第三，多听。这里的多听是指家长要多听，听一听男孩的想法是什么，自己的想法和孩子想法的为什么不同？然后站在孩子的角度去引导男孩站在自己的角度考虑问题。很多家长看到孩子做得不对，不问青红皂白就劈头盖脸地一顿教训，这是不对的。

> **精要分享**
>
> 　　一个凡事以自我为中心，不懂得换位思考和对事件进行反思的孩子，成长过程中一定会遇到各种问题。他可能会很难交到知心的朋友，被同学、同事、领导疏远，自己也可能陷入纠结、困惑之中，人生很难得到平和的幸福。
>
> 　　在男孩到了一定年龄段后，培养其换位思考的思维方式，可以让男孩理性地看待问题，而要提升男孩的这种思维方式，不可急于求成，需要我们循序渐进，言传身教。

附　9-14岁：与男孩良好沟通四部曲

　　9岁至14岁的男孩，对于很多家长来说是最难管的年龄，因为叛逆、因为独立、因为各自的想法不同，与男孩沟通时，父母说了孩子不听，即使孩子听了，也不会做；争吵更是家常便饭，沟通成了很多父母与孩子和谐相处的最大障碍。

　　与这个年龄段的男孩无法沟通或者很难沟通，最根本的原因便是思维不同。一方面，人在不同的年龄段会有不同的思维，这是因为随着年龄的增长阅历的丰富，我们的思维会更加全面及有深度；另一方面，

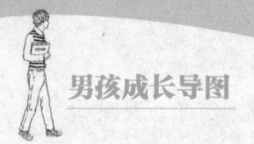

男孩在成长的过程中没有进行正确的思维培养和引导,孩子在小的时候因为害怕,会听我们的话,而在到达一定年龄之后,便会依照自己的思维行事。因此,导致很多家长与孩子在沟通中总是遇到困难阻碍。作为家长,在与男孩沟通时,我们不妨参考以下方法。

第一 换位思考	如果男孩不能换位思考,我们不妨换位思考,站在男孩的角度进行沟通,男孩会更加容易接受,沟通会更加深入。比如男孩总是玩游戏。家长可以这样说:"你玩的这是什么游戏,看着挺好玩,能给我讲讲吗?"(激发孩子兴趣,了解孩子心理);随后说:"玩游戏也是一项竞技运动,玩得好可以得大奖,不过要玩好游戏可不容易。"(进一步提升孩子沟通的兴趣);"玩好游戏就像打仗一样,需要有智谋、有规划……"以此引导到个人能力提升方面。刚开始虽不能说服孩子,但却能与孩子建立良好的沟通桥梁。
第二 逻辑思维	男孩到这个年龄段,已经具有相当成熟的逻辑思维能力,这时我们可以循序渐进、由浅及深地进行引导说服,比如问孩子:今后想从事什么职业?我们知道,不管从事任何一种职业都可以引导到个人能力提升、学习等方面。而且这样的沟通更具说服力。
第三 制定规则	通常运用前两个方法与男孩沟通,基本可以与男孩建立良好的沟通桥梁。在这种情况下,我们可以与男孩一起制定一个规则及目标。
第四 共同分析成效	一个周期后,与孩子一起见证并分析结果,思考:取得成果的主要原因是什么?不足的地方是什么?该如何改进?这是一个逻辑分析成长的过程,如果能够长久坚持,既能与男孩进行良好的沟通,又可以提升扩展男孩的思维。

第十一章

男孩意识成长导图

```
                    ┌─ 阳刚之气    → 精神抖擞，朝气蓬勃
                    ├─ 坚强的意志  → 不屈服任何艰难困苦，百折不挠
         树立男     ├─ 充满爱心    → 胸襟开阔、宽容大度
         子汉意识   ├─ 有责任感    → 对人或事情有担当
                    └─ 勇敢        → 无惧困难或者疼痛

                    ┌─ 认知危险    → 行事谨慎
                    ├─ 逃生技能    → 快速判断危险
         常怀安     ├─ 行为规范    → 灾难面前能够正确应对
         全意识     ├─ 应对危险    → 规范的日常行为，规避危险
                    └─ 警惕性高    → 危险面前能够正确应对

男孩意识   构建竞     ┌─ 不服输      → 面对挫折失败不认输
成长导图   争意识     └─ 不甘平凡    → 努力进取，不甘落后

                    ┌─ 自理意识    → 能够独立思考、自理能力增强
         养成独     ├─ 依赖性      → 能够自己解决问题，依赖性减弱
         立意识     └─ 敢于尝试    → 敢于尝试创新

                    ┌─ 了解生活不易 → 明白父母的不易
         具有危     ├─ 明白人外有人 → 理解不进步就是退步
         机意识     └─ 安全与危机   → 安全感与危机感成正比
```

男孩成长导图

安全第一，从小具备自我保护意识

成长目标
1. 明白哪些行为是危险行为。
2. 能够快速识别危险。
3. 牢记应对危险的方式。

开篇导读

孩子在成长的过程中，什么最重要？

健康、安全是男孩良好成长的基础保障，而安全是健康的前提，所以，充分保障孩子的安全是孩子成长过程中第一要务。男孩喜欢冒险，相对于女孩来说更加好动、调皮，如果安全意识差，对危险认识不够，要比女孩遭遇危险的概率更大。

故事赏析

多年前，在还没有禁止燃放烟花时，有一个八岁左右的小男孩，在过年的时候，和小伙伴一起在街道上放鞭炮，放的是那种散装的鞭炮。

玩着玩着，小伙伴提议："我们将鞭炮扔进下水道，一定会很好玩吧？"小男孩一听来了兴趣，说："我们不如试试吧！"

他们不知道的是，下水道含有沼气，将点燃的鞭炮扔下去就会发生爆炸，这是非常危险的行为。而小男孩并不知道这些，将鞭炮点燃，从下水道的小孔扔了进去。

就在扔进去的几秒钟后，突然发生了爆炸，井盖被炸飞了起来，庆幸的是，井盖并没有砸到人。

试想一下，如果当时孩子不幸被井盖砸伤，相信这是任何一个父母都难以承受的痛！

之所以会发生这样的事情，主要原因是男孩安全意识淡薄。其实，安全教育家长一直在说，比如不能玩火、玩水，不能触碰电源，过马路要看红绿灯等。我认为，这样的安全教育并不够，我们应该将安全教育拓深、拓宽，根据男孩子的年龄行为特点，逐步提升，进行针对性的安全教育。

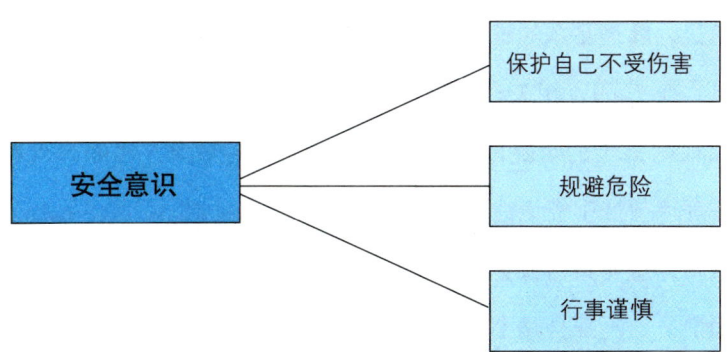

养育方法

第一，记住必要的电话、地址。首先，要让孩子从小记住爸爸妈妈的电话和自己家的地址；其次，要记住报警电话，比如警察110、火警119、医疗急救120。遇到危险要找警察叔叔帮忙，知道拨打电话求救。还有，父母不在家的时候不能玩火、玩水、触碰电源，这些基本常识也要从小灌输。

第二，应对陌生人。坏人并不全是陌生人，陌生人也并不全是坏人。我们一直在教育孩子"不要和陌生人说话""不能给陌生人开门"等，似乎陌生人都是危险人物。其实，在孩子七岁之前，尤其是在年龄很小的时候，我们可以这样告诉孩子；但随着孩子的成长，对社会认知的加深，我们可以告诉孩子"警惕陌生人"。坏人并不一定是陌生人，熟人也可能是坏人，在孩子未成年之前，要告诉孩子，遇事要与父母商量，不可自己做决定。

第三，灌输基本的逃生知识。火灾、水灾、地震时该怎么办？这些基本常识学校都有相关教育培训，在学校学习逃生知识的基础上，我们可以根据孩子的年龄段，多给孩子讲讲逃生知识，比如灭火器的使用、在等待救援中应该注意些什么等。

第四，遵守日常安全行为规范。从小铭记交通安全知识、日常生活安全知识，如不踩马路上的井盖、不去水塘湖泊边玩耍游泳、过马路走斑马线、遇到危险大声呼救等。

第五，识别诱惑，筑牢安全意识。诱惑是男孩所面临的危险之一，甚至说也是成年人遭遇危险的主要因素。比如电信诈骗，很多成年人甚至是"老江湖"也是防不胜防。所以，我们要告诉孩子，天下没有免费的午餐，天上不会掉馅饼，任何突然遭遇到的好事，都需要警惕。让孩子在面对诱惑时有处变不惊的安全意识。

精要分享

很多家长采取包办式教育，使得孩子在面临危险时，不知道如何去应对。孩子自我保护、生存自救等方面的能力不足。

家长要运用生活中的具体事例教育孩子，引导孩子树立安全意识，掌握安全知识，提高自我保护能力。

竞争意识，男孩愈强的源动力

成长目标
1. 具有不服输的思想。
2. 力争上游的思维。
3. 喜欢或更加喜欢运动。

竞争是男孩获得价值感、成就感的主要方式，竞争更是男孩激情澎湃、积极努力的动力源。如果一个男孩没有竞争意识，他就会感到迷茫和无助，所以，培养并增强男孩的竞争意识，非常有必要。

但是，摆在一些父母面前的事实是，人家的孩子竞争意识很强，而自家的孩子却对"竞争"不感冒，这是什么原因呢？我们又该如何培养孩子的竞争意识呢？

我有一个朋友是做花卉种植销售的，生意红红火火，有一个即将要上小学一年级的儿子。他总听别人说"孩子要赢在起跑线上"，这对

父母很是认可，为了让儿子上一个好学校，他们给儿子报了一个全市最好的私立学校，每年要付昂贵的学费。认为学校好，老师强，学习氛围好，孩子的学习成绩一定会很好。

可让父母没想到的是，自从孩子进入到这所学校，性格变得内向，不爱说话了，学习成绩也一直是垫底，这让父母很是难过。

屋漏偏逢连夜雨，父母的生意遭遇了挫折，无法支付儿子昂贵的费用，于是，将儿子转入到了家附近一所公立学校。刚开始的时候，老师介绍说儿子的学习成绩在班级中处于中等位置，但到了第二学期，老师告诉父母，孩子的学习成绩越来越好，已经名列前茅了！

我们会疑惑，为什么会出现这种情况呢？不应该是在拥有优质教育资源的学校学习更好吗？是的，没有错，但是，这里牵扯到一个关键词：竞争意识。

美国心理学家波·布朗森和阿什利·梅里曼曾表示，一般情况下，当一个孩子和水平相近的孩子竞争时，他们的效率能普遍提高10%到50%，相反效率会下降。相差悬殊的竞争只会打击孩子的自信，会导致他们容易气馁、更早放弃。

这便是原因。是否能够激发男孩的竞争意识以及是否能够不断增强并达到较高的效率，关键在于与谁竞争。为此，培养孩子的竞争意识需要掌握技巧和方法，否则，便会事与愿违。

男孩成长导图

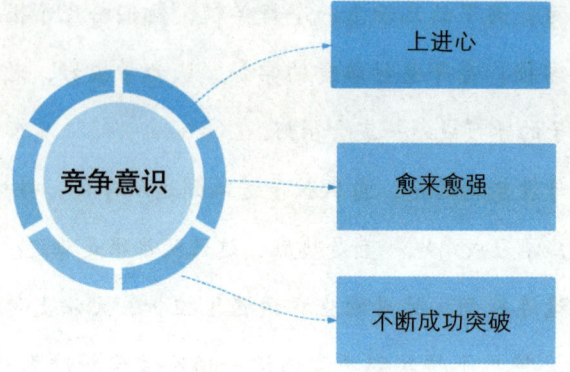

养育方法

第一，鼓励男孩自我表现。敢于表现、善于表现是一种能力，更是一种自信的体现，而只有自信的男孩才敢于参与竞争。所以，鼓励孩子自我表现，树立增强自信，是竞争的基本前提。

第二，培养孩子多参加运动。在各种游戏以及运动项目中，其整个过程就是一个相互竞争的过程，是竞争意识不断作用的过程。让孩子多多参与类似的活动，在锻炼身体的同时能够充分激发孩子的竞争意识。

第三，赞美表扬保持竞争意识。对于孩子取得的成功，父母要及时给予表扬和鼓励，并勉励孩子要再接再厉，定能够取得更好的成绩。这样男孩心中始终有目标，竞争意识自然不会丢。

第四，端正竞争意识。竞争是采用一种光明正大的手段取得胜利的方法，为孩子树立竞争目标或对象时，差距不可太大；告诉男孩，竞争胜利了，不可骄；失败了，不气馁。

精要分享

竞争意识的基础是自信，有些家长常用示弱的方式来树立孩子的自信，以此来支撑孩子的竞争意识，这种方式其实是不可取的。如同《微言教育》文章《在孩子有不好的言行习惯时，家长请先检讨》中写的一段话："虚假的胜利，并不能真正带来自信的成果。专注于兴趣探索，在游戏过程中忍受挫折、克服困难、解决问题，分享成功的喜悦，才是真正的成就感。"

男孩成长导图

独立意识，男孩从此不再孤单

成长目标
1. 遇到问题能够主动独自想办法解决。
2. 对父母及他人的依赖性减弱，自理能力显著提升。
3. 能够独立做出选择。

开篇导读

男人就应该顶天立地，就该有独自扛起一片天的气魄，这是一个优秀男人的显著特征。作为父母，我们都想让自己的孩子强一点再强一点。可是我们往往因为溺爱、舍不得、不忍心，阻碍了孩子独立意识的发展。

故事赏析

曾读过这样一个故事，说美国有一个男孩名叫安东尼，在他五岁时候的一个暑假，因为爸爸出差，他好久没有见到爸爸了，特别想念。

这天午后，爸爸出差回来，他站在门口，看到爸爸打开车门，然后高兴地张开双臂向爸爸跑去，可是，爸爸并没有做出拥抱的姿势，

第十一章 男孩意识成长导图

而是闪在了一边，安东尼狠狠地摔在了地上，哇哇大哭起来！

等安东尼情绪冷静后，爸爸抱起他说道："孩子，你要记住，任何事情都要靠自己，不要指望他人，即使有时候爸爸在，也有靠不住的时候，所以，从现在开始你要学会自立。"

看完这个故事后相信很多家长都不理解，认为安东尼的爸爸太无情了，要是自己，肯定不忍心；同时也会产生疑问，爸爸这样的做法真的有效吗？会不会伤害孩子幼小的心灵？孩子会不会从此对爸爸失去信任呢？

心灵伤害我觉得倒不至于，对爸爸信任的减少肯定会有，但是从另一个角度讲，很多独立性差依赖性强的孩子正是因为对父母或他人的足够信任而造成的，也是孩子依赖性难以减弱的主要原因。对于大多数父母来说，肯定不会像故事中安东尼的爸爸一样对待孩子，但我们必须要有一个意识，孩子的独立有时候一定是逼出来的，而且往往是最有效的。所以，在培养教育孩子方面，该"狠心"的时候不要犹豫，只有完全树立起孩子的独立意识，男孩才会更加优秀。

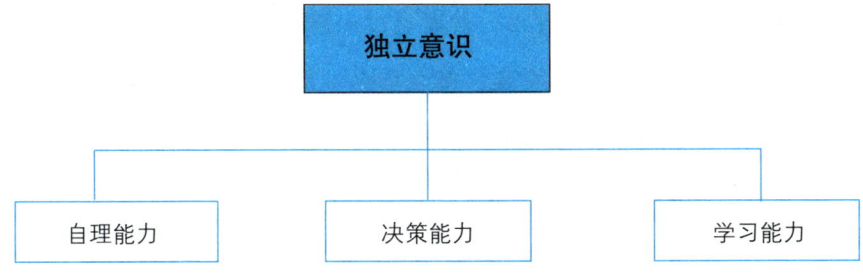

养育方法

第一，鼓励男孩自己的事情自己做。这种方法学校老师、父母其实一直都在做，不管效果如何，以后我们还需继续做，让孩子意识到自己的事情自己做是理所应当，且不可给孩子传递一种自己的事情自己做完必须得到奖励的思想。

第二，适当放手。在男孩子到达一定年龄后，父母应该适当放手，不要事事都为男孩做主，把选择权交给男孩，让男孩有意识地沿着独立的道路前进，这个时候，就需要我们的"狠心"观念。

第三，带男孩体验社会。培养孩子的独立意识不能只是纸上谈兵，高谈阔论，要把理论与实践结合起来，带孩子多参加一些社会实践活动，让孩子充分发挥独立性，认识独立意识的重要性等。

第四，给予自由探索的机会。探索是培养一个人独立意识最好的方法，从小为男孩创造一些自由探索思考的机会，让男孩自由发挥去探索研究某些事情，对培养男孩独立意识有非常重要的积极作用。

精要分享

《中国教育报》曾发表过一篇题为《劳动教育其实是人格教育》的文章，其中指出："家长不能不考虑孩子成长的全面需求，不能只注重学习成绩而忽视劳动教育，更不能包办代劳那些孩子能做和应该做的事，用过分宠爱削弱孩子的独立意识和独立生活能力。如果孩子缺乏独立自主能力，缺乏吃苦耐劳和团结协作的精神，缺乏社会责任感，何来正确的人生观和价值观？"

培养男孩的独立意识，需要我们放下心中的溺爱和不舍，父母如果现在能够"狠下心"来，将来孩子才能卓尔不凡。

危机意识，让男孩明白不进便是退

成长目标
1. 让孩子意识到危机随时都会出现。
2. 有未雨绸缪的规划。

开篇导读

不管怎么样，我们终究有一天会老去，孩子终究要自己走自己的路。无论我们为孩子创造了多么丰厚的财富，积累了多少人脉，给孩子创造了多大的安全感，到最后，孩子终要独自面对残酷的世界，处理一些让人头疼的问题。当然，不管父母为孩子创造的资源多还是少，不管父母希望孩子能够发扬光大，还是希望孩子凭自身努力闯出自己的一片天，都离不开积极的进取心和上进心，而危机意识是进取心的源泉，是孩子将来能够未雨绸缪的主要动力。

曾读过这样一个寓言故事。

草原上有一个狼家庭和一个兔子家庭。狼妈妈从小就对小狼说："孩子,你必须跑得更快一些,如果你连最慢的兔子都追不上的话,那么你就会饿死。"

兔子妈妈从小对小兔子说:"孩子,你必须跑得更快一些,如果你跑不过最快的狼,那么你就会被吃掉!"

要么被吃掉,要么被饿死,这便是动物界的生死法则,生死是让这些动物拼命的主要动力。当然,随着社会生活水平的提高,对于普通人来说,一般不会遇到生死危机。但是,社会竞争力是我们必须要面对的,作为人的责任我们必须要担负的,一旦决策错误或者其他原因失去现有的资源,我们是否能够担负起相应的压力?如果我们没有危机意识,没有未雨绸缪地规划,那么就很难应对突然出现的变故。

当然,我们培养孩子的危机意识,并不是要让孩子每天提心吊胆的活着,这样的生活是缺乏幸福感的,不是我们想要的。我们是要让孩子知道人生路上并不是一帆风顺的,自己现在所拥有的一切可能随时都会失去,我们只有积极努力地去提升自己,才能应对一切的不幸与困难挫折。

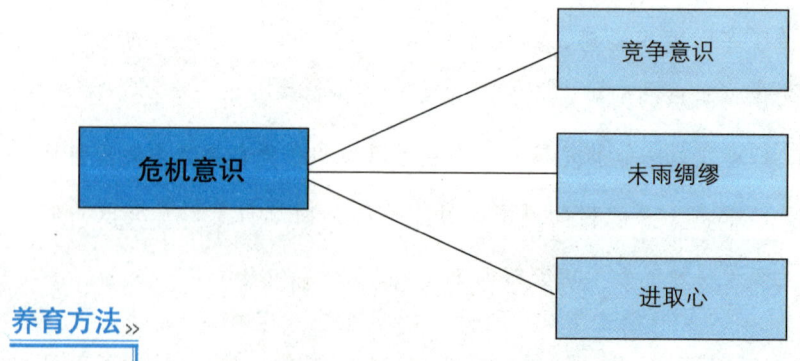

养育方法》

第一,物质满足适可而止。孩子要什么你就买什么,孩子会觉得自己想要的东西一句话就可以得到,没有任何难度，认为积极努力不是很重要，这是非常严重的错误认识。所以，家长不能对孩子有求必应，有要必买，要让孩子感觉到所有的东西都是来之不易的，都是需要通过努力才能够得到的，我们还可以故意让孩子失去一些东西，比如孩子不听话没收他的玩具，让孩子感觉到，不努力有些东西是可能失去的。

第二，**故事引导培养**。如以上寓言故事，我们与孩子一起阅读并理解分析，用通俗的语言阐述其中的道理，让孩子明白，社会在发展，小伙伴在成长，如果自己不努力，与小伙伴相比就是一种退步。

第三，**分享家庭状况**。当下孩子的理解能力要比我们想象的强很多，很多家长不愿意对孩子谈论父母的辛苦、家庭的困难等事情。觉得一方面孩子听不懂，另一方面不想给孩子太大的压力。其实，我们完全没必要担心，俗话说"穷人的孩子早当家"，让孩子了解家庭的柴米油盐、酸甜苦辣并不是什么坏事，这种了解可以让孩子更清楚地理解家庭是有责任和危机的，只有积极担负责任，才能最大可能地避免危机或者遇到危机时正确化解。

精要分享

2020年新冠状病毒防控期间，某市疫情防控做得非常好，央视主持人白岩松在采访该市市委书记时，他说："对于病毒疫情的危机意识，是他们将病例控制得好的关键。"

我们不能保证一觉醒来明天的世界会怎样，但我们能够做到在危机出现时，能够最大能力地去处理应对，能够承受所导致的结果，这便是居安思危、未雨绸缪的意义。不管是社会还是家庭中，男孩作为未来的主力军，我们需要让其传承这样的意识。

附 9-14岁：生涯规划——我的未来在哪里

人的一生在不同的时期所肩负的责任、义务、生活重点是不同的，把握人生不同阶段的生活重点规划人生，就能把握人生的主动性。

20世纪40年代，有一位美国学者叫舒伯，他提出了"人生阶段"理论，他认为，人的一生可以分为五个阶段，分别为：成长、探索、确立、维持、下降。这五个阶段贯穿了人的一生。

根据舒伯的生涯发展理论，如果某一阶段的工作没有做好或者完成，就会影响下一阶段的工作，给这一阶段生活、职业等发展造成阻碍。通俗地讲，比如说探索阶段的主要工作是学习，如果在这个阶段学习任务完成得不是很好，那么，在完成建立阶段任务时，如找工作、创业等就会遇到阻碍。

男孩9岁至14岁处于探索阶段，这个阶段的主要任务是什么？当然是学习。所以，男孩在这个阶段首先要做的就是好好学习，提高学习成绩。

当然，我不反对男孩在这个时期做人生规划，小的时候老师经常问我们，你的理想是什么？有人说做人民教师、有人说当科学家、有人说当警察等等，其实，这就是一个粗犷的人生规划。

而对于9岁至14岁的男孩来说，思想已经逐渐成熟，对社会也有了基本的认识和了解，这时我们的人生规划便不能像幼儿园那样单纯了。在明确当下主要任务的前提下，可以更加细致地勾勒一下未来。我认为可以从以下几个方面介入。

首先，对于上学的孩子来说，你的首要任务就是好好学习课本知识，这一点要坚定且明确。只有更好地完成学习任务，才能更好地完成下一阶段的规划。

其次，理想要有，目标也要有，未来想从事什么工作、应该上什么样的大学、要达到什么目标等，我们都可以引导孩子去做一个规划，然后通过倒推逻辑，将原点落在当下的主要任务中。

这样，既能够让男孩大致看清自己的未来，增强对未来美好的希望，更能够激发男孩完成当下任务的积极性。

男孩成长导图

附 0-12岁孩子生长发展及父母保护引导

	0-1岁
生长发育特点	1岁时： • 男孩体重通常为7.21kg-14.00kg，平均约10.05kg。 • 男孩头围通常为42.6cm-50.5cm，平均约46.4cm。 • 尤其在四个月前身体增长速度很快。
生理动作发展	• 大脑并未发育完整，但听觉、视觉、触觉等感知的部分发育是比较成熟的。3个月左右，会以双眼跟随着环境中慢慢移动的东西而移动。 • 7、8个月会自己坐着，11个月会自己扶着东西站起来，周岁时，会自己站或走。 • 4到6个月，会慢慢通过抓、丢、推、拉等动作逐步发展小肌肉的能力，8、9个月大，可使用双手操作玩具，使用食指、拇指抓起东西；到周岁时，拇指与其他手指的运用会更灵活。
语言特点	• 0-1岁宝宝的生长发育是：宝宝7个月大的时候，他就会使用有意义的手势(以及其他肢体语言)。例如，他可能会举起手臂示意他想要被抱起。九个月大的时候，他会认出并回应他自己的名字。 • 12个月时，语言方面：爱听成人念的儿歌，讲的故事。能说2~3个单词。会表达自己的各种感情。
父母须知	• 抱幼儿时，使他与你的身体保持距离，让他能看到你的脸，训练他颈肌支撑头部的力量。 • 如果幼儿想要抓握东西，可以试着让他自己抓握奶瓶，或准备安全可抓咬的玩具让他玩。 • 幼儿开始学习爬行时，记得为他准备一个干净又安全的环境，让他可以有更多探索空间。
	1-2岁
生长发育特点	2岁时： • 男孩身高为78.3cm-99.5cm，平均约为88.5cm。 • 男孩体重9.06kg-17.54kg，平均约12.54kg。 • 男孩头围44.6cm-52.5cm，平均约48.4cm。

生理动作发展	·孩子能够自己坐在椅子上，一岁半以后可以自己走得很好，扶着把手上楼梯。可以使用汤匙、叉子尝试自己吃饭，会拿杯子喝水，模仿大人重复简单的动作，如：丢球、堆积木。 ·接近两岁的孩子，有跑步的动作出现，但还不是跑得很好，可以自己站好向上或向前跳。
语言特点	·1岁多，孩子似乎听懂你说的很多话了，尤其是一些能对应实物的。比如你说要吃饭了，他就会跑到餐桌椅旁，等着吃饭；你让他拿鞋子，他会帮你拿；你说找某个玩具，他会理解，并四处寻找。 ·快2岁时可以掌握至少50个口语词汇，而且可以将两个词放在一起组成句子，当然孩子之间也会有一定差异的。 ·你要善于营造一个跟他沟通的环境，可以通过家中的实物，或书本，反复的跟他聊，即使他不能立即学会这些词，这些句子，但这些语言对大脑的刺激作用，对后期孩子语言甚至大脑发育极为重要。
父母须知	·提供安全无虞的居家环境，让孩子有机会自己四处走动探索，以促进他的肌肉发展。 ·孩子想尝试自己动手使用餐具时，可以准备合适的器具协助他，如：尺寸适合、不易摔坏的碗和汤匙。 ·为幼儿布置安全的学习环境，如：在玩具收藏箱里放置安全的玩具，让幼儿可以自由拿取、操作探索。这样会有助于孩子的训练和发展。
2-3岁	
生长发育特点	3岁时： ·男孩的身高为86.3cm-109.4cm，平均约为97.5cm。 ·男孩体重 10.61kg-20.64kg，平均约14.65kg。 ·男孩头围45.7cm-53.5cm，平均约49.6cm。
生理动作发展	·可以跑跑跳跳，踮着脚尖走路，自己上楼梯，学习骑三轮脚踏车。 ·能自己使用餐具吃饭。两岁以后，可以尝试自己脱掉鞋袜和已经解开钮扣的衣服。 ·会熟练地用笔涂鸦画圈，一页页地翻书等。
语言特点	·2-3岁孩子仍以简单句为主，但复合句的比例迅速增加，是由两个简单句组合起来的。短句逐渐减少，长句明显增多，一般为6-10个词一句的句子。由于孩子接触的事物日渐增多，滋生了好奇心，驱使孩子提出各种问题。
父母须知	·多带孩子到户外活动，可帮助他肌肉和力量的发展，孩子的灵活度与平衡感也会更好。 ·孩子正在学习灵活运用手指的能力，凡事喜欢自己尝试，你可以多让他自己练习吃饭、脱掉衣物。 ·当孩子尝试自己动手做某件事时，无论结果如何，父母都应该以鼓励的态度，肯定他的尝试。

续表

	3-4岁
生长发育特点	4岁时： ·男孩的身高为92.5cm-116.5cm，平均约为104.1cm。 ·男孩体重12.01kg-23.73kg，平均约16.64kg。 ·男孩头围46.5cm-54.2cm，平均约50.3cm。
生理动作发展	·孩子四肢动作的协调性愈来愈好，可以同时控制手和脚的动作，如：一边拍手、一边踏步。 ·能用一只脚站立，踮着脚尖跑，会自己下楼梯、上厕所，接近四岁，排便后能自己把屁股擦干净。 ·孩子会熟练地自己吃饭洗手，学习解开拉链、钮扣脱下衣服，会自己穿袜子和不用系鞋带的鞋子，能双手接球。
语言特点	·词汇量增加得非常快，约有1000—1600个词汇。不仅掌握了许多与日常生活、起居饮食直接有关的词，也掌握了不少与日常生活没有直接联系的词，可以用简单的语言和家长或同伴实现无障碍交流。
父母须知	·孩子精力旺盛，因为他正在学习掌控、运用自己的身体动作能力，父母不要过于苛责或担心。 ·如果无法常带孩子外出活动，可以在家里准备一块软垫，带孩子随着音乐的节奏自然摆动。 ·鼓励孩子自己解开钮扣、拉下拉链、穿鞋、摆碗筷，对孩子来说，都是有趣的事。
	4-5岁
生长发育特点	5岁时： ·男孩的身高为98.7cm-124.7cm，平均约为111.3cm。 ·男孩体重13.50kg-27.85kg，平均约18.98kg。 ·男孩头围47.2cm-54.9cm，平均约51.0cm。
生理动作发展	·可以在有障碍物的空间行动自如，左、右脚皆能单脚跳，可以双脚交替上下楼梯。 ·能练习拍球，能伸手接球，会对准目标丢球、踢球。 ·能仿画十字形和方形，连续剪出一条线，学会自己穿套头衣服、扣扣子、拉上拉链，并练习刷牙、漱口、拿筷子，但有时仍需要成人协助。
心理成长特征	·在能力方面，无论是运动、操作、智力，还是一般能力、特殊能力等，由于先天的遗传和后天的环境教育等因素的综合作用，儿童发展到5岁时能力差别已经明显。这种能力方面的不同特征，就构成了儿童的个性差别的一个显著标志。 ·一般来说，其心理成长特征为： 1. 活泼好动，天真单纯，比较任性和以自我为中心； 2. 思维具体形象； 3. 开始接受任务； 4. 开始自己组织游戏。

续表

父母须知	・孩子活力十足，骑单车、跳绳、玩球、跑步，都是很好的运动。 ・运动应适度，不要让孩子太早接受密集且压力大的训练，如：参加竞争性的游泳比赛。 ・让孩子帮忙做早餐、擦桌子、摆餐具，学习自己折叠衣服、被子，这些都可以为孩子带来成就感。
5–6岁	
生长发育特点	・通常来说，6岁男孩的身高为104.1–132.1cm，平均约为117.7cm。男孩的体重，14.74–32.57kg，平均为21.26kg。
生理动作发展	・孩子可以两脚交互地跳绳。五岁半后，手脚可同时用力，进行全身性的活动。 ・身体的灵活性、平衡感、敏捷性、力量这四个基本动作能力都得以发展。跑步速度加快，快跑时更加平稳；能够真正地跳跃；表现出成熟的扔、抓行为模式。
心理成长特点	・6岁的孩子绝对可以称为天使，可以用甜美两个字来形容。他们大多数时间都很乖，很听话。 ・6岁孩子最大的问题是争强好胜。因为在乎结果，所以他们也会习惯性推卸责任，明明是自己干的，却会故意找一些借口说不是自己干的。这时候家长要给予孩子正确的引导。
父母须知	・多带孩子到室外活动，如果孩子一直关在家里，长时间从事室内静态的运动，他大肌肉动作的协调性、运动技能将无法得到充分发展。 ・在安全的考虑下，可以让孩子去玩单杠、学习游泳，使孩子的动作反应更为统合、灵活。 ・让孩子自行搭配衣服、裤子、鞋子，让他参与更多的家庭事务，孩子会学到更多的生活技巧。
6–7岁	
生长发育特点	・7岁男孩中等的身高为124厘米，体重为24.09千克，如果宝宝的身高低于114厘米，说明矮小，体重低于18.20千克，有可能营养不良。体重的范围是20.04kg到24.96kg，平均为22.50kg。
心理成长特点	・大部分7岁的儿童，秩序感较差，缺乏纪律意识，需要重点加强培养。比如多提醒，多督促，多强调等。 ・跌跤或受点轻伤时已不会再哭闹，游戏输了也不会再胡闹。他们的思维和内心已渐渐变得有所强大。 ・基本能恰当地表达自己的喜怒哀乐，并且会懂得适当地运用礼貌用语，既有同情心，也适度怕羞。

续表

爸爸妈妈须知	·7岁的孩子思考的问题开始多起来，会无缘无故不开心。 如果你发现你们家的孩子7岁后，会经常无缘无故的不开心，大可不必为之烦恼和操心，7岁的孩子这个阶段会出现这种情况，是因为他们思考的问题多起来，不再是以前简单的吃呀，玩呀等，会慢慢因为思考而安静下来。 ·7岁的孩子比较闷， 7岁儿童性格大多比较闷而且慢，父母要求孩子做什么事情时，可提前预报、指示明确、一再提醒、和耐心等待。
7—8岁	
生长发育特点	8岁男孩： ·身高标准是130cm，标准体重是24kg。如果孩子的体重超过标准体重的2个标准差，也就是20%以上为体重过重。如果小于标准体重的20%为体重过轻。
心理成长特点	·一般来说，8岁的孩子在情感上是最需要妈妈的年龄，需要妈妈倾听他的奇思妙想，解答他的千奇百问，陪他一起聊天玩耍，给他讲故事。妈妈要善于满足孩子的这种心理需求，帮助他良好地过对妈妈的心理依恋期，为孩子顺利走向独立和提高情商打好基础。 ·8岁孩子在喜欢黏着妈妈的同时，也会察言观色地取悦妈妈，甚至可能做些自己并不喜欢的事来讨好。因此，这时他会深受妈妈言行举止的影响。与8岁孩子相处比较容易。往往，妈妈只要看一眼，就足以遏止他的调皮捣蛋，不再需要太多的说教。 ·8岁的孩子对善、恶、是、非已经有比较清楚的概念，开始建立起道德意识。他们会向往成为好孩子，会努力去达到自己的目标，并努力想达到他们认为的父母的标准。
爸爸妈妈须知	·8岁的孩子在描述具体事件的知觉和感觉时尚有不足。 ·八岁儿童口语发展已经达到相当高的水平，曾有数据统计过，此时，绝大多数儿童口语掌握的汉字量竟然达到2500—3500字左右。但对于缺失早期教育的孩子来说，在口语方面就会明显落后。一旦孩子口语得不到很好发展，将会对今后掌握书面语产生一定的困难。对此父母要注意重视和培养。
爸爸妈妈须知	·8岁儿童对具体事件的描述能力已有较大提高。如果你问孩子今天学校发生了哪些有趣的事，孩子会比以前描述的清晰多了。家长可以更好地进行教育和引导，让孩子清楚如何避免犯错，做一名出色的好学生，好孩子。 ·相对认知而言，很多孩子可能受教育不足影响而缺少观察的目光，当孩子忽略对具体情景与事件的关注时，自然也就不去理会身边的人和事了，更谈不上有自己的心理感受。这就需要通过父母教育，或者学校教育来引导孩子把眼前看到的具体事情，加以辨析，通过不断地巩固和强化，让孩子最终明白什么是对的，什么是错的。

8-9岁	
8-9岁生长发育特点	·9岁男孩标准身高应该在126.3-137.8cm，体重应该在24.3-34kg。不同孩子的身高和体重可能存在明显的个体差异，一般9岁孩子每年身高增长在5-7cm，体重增长在2kg左右，均认为在正常的生长范围内。
心理成长特点	·9岁的孩子，开始具有感情色彩，根据自己的感受和想法来进行判断和理解。往往会出现爱说谎、沉默等情况。 ·9岁的孩子会用别人的长处来自我装饰，具有荣誉感和竞争心理。 ·9岁孩子的任务不再是适应学校生活，而是在学习能力上要求更高，在学习任务上难度明显加大，包括语言方面、数学方面等。所以这时期，应重点加大加强对学习能力的培养和训练。
爸爸妈妈须知	培养孩子心理健康的禁忌： ·不要过分关心孩子。这样做容易使孩子过度地以自我为中心，认为人人都应该尊重他，结果成为自高自大的人。 ·不要贿赂孩子，要让孩子从小知道权利和义务的关系，不尽义务不能享受权利。 ·不要对孩子太严厉，苛求，甚至打骂。这样会使孩子自卑、胆怯，逃避等，形成不健康的心理，或导致叛逆等异常行为。 ·不要在小伙伴面前嘲笑和批评孩子，避免损伤孩子的自尊心。
9-10岁	
生长发育特点	·10岁的孩子标准体重为28kg左右。标准身高约为1.4m，由于个体差异，范围约1.32-1.48m。
心理成长特点	·自我意识增强，胆子变大。一般10岁的孩子，在学校已读到四年级。不少家长和老师都说，四年级学生是最难管的阶段，但至于为什么难管则说不清楚原因。其实这里最根本的原因恰就是10岁儿童的自我意识在发挥作用。 ·自控和自律意识开始两级分化，在学与玩两者之间游动摇摆。这时候父母正确的管教和引导十分重要。 ·秩序感下降，磨蹭拖拉现象加剧。由于自我意识的增强，使10岁儿童在行为方面开始有我行我素的苗头。只要不感兴趣的事，哪怕是在家里写作业或在课堂上听课，都会心不在焉。这些方面势必要引起家长的重视。
爸爸妈妈须知	10岁儿童教育方法： ·要多观察，以温馨的沟通交流模式给他们疏导。告诉他们事情的轻重，以及会对以后的人生所产生的影响。 ·针对孩子的错误，不要吼叫和打骂。否则他们会变得越加叛逆。所以要注重教育方式，从根本上帮助孩子解决问题。 ·多表扬，少批评，增强他们向上的动力。 ·经常带他们参加一些公益活动，培养他们的爱心，让他们体会到乐于助人的乐趣。

续表

	10–11岁
生长发育特点	·11岁男孩的平均身高一般是145cm左右，身高范围在140-149cm之间都是正常的。 ·平均的体重是35kg左右，体重范围在32-44kg之间也都属正常。
心理成长特点	·11岁的孩子在自我照料和日常作息方面，不会刻意做有规律的事情。 ·在情绪方面，叛逆的苗头已经生长。11岁的孩子自我意识在成长，独立意识增强，反复无常是常态，家长要予以理解并做好引导。 ·11岁孩子最大的特征，是以自我为中心。他不太愿意合作，哪怕稍做让步就能让事情顺利进行。他们往往行动拖拉，却又喜欢挑剔。这时候家长要多了解他们的内心来疏导和沟通。
爸爸妈妈须知	·对于11岁的男孩性格初步长成，父母在教育上应注重给孩子制定严格的标准，规范孩子的行为，让孩子从小养成严格要求、奋发向上、乐观自信、规范行为、明辨是非的好习惯。
	11–12岁
生长发育特点	·12岁的男孩子正常的身高为150cm左右，体重一般在50kg左右，但是根据每个人发育情况和营养状况的不同，身高体重的数据会有所出入，在这个阶段的孩子应该多锻炼多运动，补充营养。
心理成长特点	·12岁孩子自我照料和日常作息已让大人省心不少，负面情绪减少是这个年龄的主要特点。他们自信独立、善解人意，并有了自我主张。 ·在人际关系方面，与家人关系缓和，异性之间不再排斥，同时兴趣广泛，偏爱集体活动。对学生生活充满了热情，甚至热情过度。 ·在道德方面，他们多了一分思考，少了一分冲动。
爸爸妈妈须知	·12岁的孩子是心理性格定性的中间阶段，处于这个阶段的初期过度。这个年龄的孩子往往比较难管，所以也叫初级叛逆期。 ·这个年龄段的孩子，他们往往希望有自己的一个"小天地"，需要给他们一个独立思考以及和朋友相处的空间，他们不仅要完成学业，还要玩好，此时最重要的是培养他们的性格，不急不躁，不虚荣不势利。 总之，父母要适当地多和他们谈心，多了解他们的内心，因为这个年龄的孩子，最需要陪伴和理解，能理解才能更好地呵护和指导他们。